AF355911

TRAITÉ RAISONNÉ

SUR L'ÉDUCATION

DU CHAT DOMESTIQUE.

Mme Ve DELAGUETTE, imprimeur, rue St.-Merry, N° 22,
à Paris.

TRAITÉ RAISONNÉ

DU CHAT DOMESTIQUE,

PRÉCÉDÉ

De son Histoire philosophique et politique, et suivi
du Traitement de ses maladies.

PAR M. RATON,

Ancien Chanoine.

BIBLIOTHÈQUE ROYALE

PARIS,

BOURAYNE, LIBRAIRE,

ACQUÉREUR DU FONDS DE LIBRAIRIE DE RAYNAL,

Rue de Seine St.-Germain, No 48.

1835.

PRÉCIS

HISTORIQUE, PHILOSOPHIQUE ET POLITIQUE

DU

CHAT DOMESTIQUE,

Adressé à Madame la Supérieure du Couvent
des Visitandines.

MADAME,

Quelque singulier que soit le sujet que vous me
donnez à traiter, je me détermine à l'entreprendre, dans l'intention de faire quelque chose qui
vous soit agréable; je ne vous dissimulerai pas
que j'ai soupçonné votre sincérité, j'ai cru un
instant que vous vouliez mettre mon esprit à la
gêne pour donner prise à quelque cruelle plai-
santerie, mais mon libraire a dissipé mes soupçons
et je crois maintenant que l'intérêt que vous prenez à ce petit animal qui a le poil si doux et les
pattes si fines, est le seul motif de vos instances.

Je ne vous répéterai pas tout ce que m'a dit
Monsieur A. sur l'avantage de traiter un pareil
sujet, je craindrais de lui faire un mauvais parti

parmi le beau sexe, et ce ne serait pas un service à lui rendre, mais voici pour ce qui me regarde.

Je viens, Monsieur A., vous offrir un traité
de l'éducation physique, morale, religieuse et
politique de l'homme. Je ne veux point de votre
traité répond - il courtoisement. Mais il est ex-
cellent. Serait-il excellentissime je n'en veux point!
Mais! Ah! vous voilà comme tous les auteurs, disposé à faire le panégyrique de vos productions;
eh! bien soit, ce sujet est beau, il est magnifique,
mais pour vous épargner toute argumentation
inutile, je dois vous rappeler que vous êtes auteur
et moi libraire, que sous ce rapport nous avons
des vues si différentes qu'il n'est pas possible de
nous accorder.

Messieurs les auteurs aiment les sujets brillans
qui donnent de la marge à leur imagination vagabonde; nous autres nous aimons les livres qui
se vendent, et par conséquent des sujets qui
flattent les goûts et les manies du siècle; voulez-
vous travailler pour moi, traitez de quelque heureuse frivolité; de quelque éclatante bagatelle;
inventez de petits riens, qui amusent l'oisiveté
et endorment la paresse. Tenez-vous à parler
d'éducation? faites l'éducation des chats, et je
suis votre homme.

Je vous avoue, Madame, que je croyais encore que M. A. voulait rire, mais par des argu-

mens irrésistibles , il m'a prouvé le contraire ,
et je suis parti de chez lui avec l'heureuse idée
que j'aurais un libraire pour m'imprimer et des
femmes pour me lire et m'applaudir.

Cependant, quelque satisfait que je fusse de
pouvoir me rendre aux désirs de deux genres de
personnes, dont la protection a une si grande
influence sur la destinée d'un auteur, je me
faisais une triste idée de mon sujet, je le
croyais sec, aride et sans agrément, je me lamen-
tais déjà sur les difficultés qu'il me faudrait
vaincre pour atteindre mon but, et comme
tous les mauvais auteurs, je me plaignais de
l'aridité de la langue et de la peine qu'on
avait à appliquer le mot propre à la pensée fu-
gitive. Ces réflexions désespérantes absorbaient
tout mon espoir, et dans le moment de transe
que fait naître la crainte de ne pas réussir, j'al-
lais à l'aventure, lorsque mon heureuse étoile me
conduisit au vaste réservoir de science de la rue
de Richelieu ; je monte, je vois un spectacle
digne de fixer l'attention d'un observateur ; je
vois, attachés à l'abreuvoir, les manuellistes, les
faiseurs de résumés et de dictionnaires de la capi-
tale ; l'exemple de tant de parasites me séduit,
je demande aussitôt l'Encyclopédie, Moreri ,
Trevoux, Buffon, Cuvier. Entouré de savans et de
naturalistes, l'espérance commence à me sourire;
je lis, je parcours avec rapidité tout ce qui à

rapport à l'illustre animal , à mesure que la science me saisit ; je sens mon courage renaître. Et le croiriez-vous, Madame, après deux jours de travail, je me trouve en état de vous faire un gros in-folio sur la race des chats.

Oh ! précieuse source de prospérité littéraire; toi qui a fourni à mes contemporains tant de sujets d'illustration et de renommée , reçoit l'expression de ma reconnaissance sur l'éminent service que tu viens de me rendre. C'est toi qui m'a fait l'écrivain de la race miaulique ; je sais que l'on m'accusera de tirer les marrons du feu avec la patte du chat : n'importe , je ne veux point passer pour un ingrat. La version de l'Alcoran qui fait naître les chats dans l'arche, est un anachronisme épouvantable, qui, parmi les savans , a fait passer Mahomet pour un radoteur. On ne peut pas supposer que Dieu oublia un animal si essentiel lorsqu'il créa les animaux, sans faire injure à sa prévoyante sagesse. Du reste , je suis chrétien, et de plus , issu d'un père qui croit que les Turcs sont des ignorans fanatiques ; et certes, pour l'adroit imposteur de la Mecque, je ne manquerai pas à la loi , ni ne démentirai pas mon père.

Les chats, dans l'ordre de la création, sont nos aînés. Celui qui, par l'effet de sa parole, fit éclore l'Univers, leur donna la liberté de courir les champs et de pourvoir à leur existence, et ils abusèrent cruellement de ce privilége. Nés avec des goûts voraces, naturellement indisciplinés et malins, ils ne voulurent contracter ni habitudes sociales, ni alliance particulière. Ils se répandirent dans les forêts, déclarèrent une guerre à mort aux volatiles et aux petits quadrupèdes rongeurs, et ils se rendirent bientôt célèbres par leurs meurtres et leurs brigandages.

Les souris, les rats, les lapins, les oiseaux éprouvèrent tour-à-tour leur barbare fureur, et ce qu'il y a de plus surprenant, le stupide crapaud, la timide grenouille, ne furent point à l'abri de leur rage carnassière.

On ne peut savoir au juste le temps où les chats aliénèrent leur liberté et rentrèrent dans l'état domestique. Tout ce que je puis vous certifier, c'est que leurs insolences et leurs rapines faillirent causer leur perte. Renfermés dans l'arche avec les autres animaux, ils se livrèrent, comme de coutume, dans cet asile de salut, à des désordres épouvantables, ils mordirent les uns, égratignèrent les autres, déplumèrent les oiseaux, écorchèrent les lapins, poursuivirent les rats, et enfin ils firent tant de sottises, qu'ayant provoqué la mauvaise humeur du bon patriarche, il les exposa sur le tillac du bâtiment au moment de la plus grande averse du déluge. C'en était fait d'eux, si la tendre et sensible épouse du capitaine de vaisseau, ne lui eut représenté énergiquement sa cruauté. Enfin, ils en furent quitte pour recevoir, pendant quelques heures, les eaux des gouttières célestes. Dès ce moment la reconnaissance rentra dans leur âme; ils furent sensibles au dévouement de la femme de Noé, et ils lui vouèrent un éternel attachement. Ce sentiment d'amitié de la race primitive des chats, fut si fortement imprimé dans leur ame, qu'il devint héréditaire; ils constitue à mes yeux le caractère spécifique du chat domestique.

Les chats n'avaient pas été indifférens aux fameux *Crescite et Multiplicamini*, il se multiplièrent au sortir de l'arche, et lors de la dispersion des enfans de Noé, leurs femmes, qui considéraient déjà les chats comme un meuble précieux de ménage, en prirent avec elles, et les répandirent partout l'univers. De sorte que, depuis cette époque, on trouve des chats partout où il y a des femmes.

Mais l'esprit d'indépendance et d'indocilité inné dans ces animaux, les rendit légers et volages; ils quittèrent le foyer domestique, ils s'adonnèrent à une vie errante et vagabonde, et entreprirent, comme nos anciens preux, des courses aventureuses; le besoin plutôt que l'amour leur fit faire alliance avec des races étrangères. La beauté et les caractères physiques de la race primitive s'altérèrent par cette fusion monstrueuse d'animalités; les variétés et les espèces se formèrent, l'ouvrage du créateur devint ainsi celui de la créature (1).

De sorte, Madame, que maintenant les plus belles espèces de la race sauvée par la bonne femme Noé, dans celles que l'on appelle domestiques, sont, d'après Buffon, le chat de Perse, le chat d'Espagne et le chat de Natolie, que l'on appelle angora. Ces chats sont remarquables par la grosseur et la force du corps, l'élégance de la tête, la finesse du poil, et une douceur de caractère qui annonce un état plus parfait de domesticité. Les autres espèces et les variétés sont très-nombreuses. Chaque pays en a de particuliers, à Tobolt, les chats sont rouges; au Cap-de-Bonne-Espérance, ils sont bleus; en Chine, ils ont les oreilles pendantes; au Japon, ils les

----

(1) Les chats communs domestiques ne dégénèrent pas par leur isolement dans les pays lointains. On a transporté, dans différentes contrées de l'Afrique et de l'Amérique, des chats qui, depuis plusieurs siècles, n'ont éprouvé aucun changement physique; j'entends parler ici de la première génération des chats.

Il y a indubitablement altération dans le genre, puisque le texte sacré n'admet dans l'arche qu'une seule espèce d'animaux.

ont redressées (1) ; dans l'Inde , il y a des chats volants et des chats qui ont sur leurs côtés une poche dans laquelle ils mettent leurs petits ; Pallas en a reconnu une espèce , en Russie , qui a le museau petit et pointu , et la queue six fois plus longue que la tête.

Cette difformité, cette dégénérence de race, tient à un goût décidé pour la rapine et le vagabondage ; à cet esprit de liberté et d'absolutisme qui les dominent : car ne vous y trompez pas, Madame, si les chats ont conservé, comme les hommes, un germe de leur liberté primitive, ce n'est que parce que cette liberté favorise leurs désirs et facilite leur insatiable voracité. C'est le besoin de jouir qui les rend libéraux, et on ne dira pas que le libéralisme développe en eux des vertus mâles et généreuses ; car plus la nature de leur condition les rend libres, plus ils deviennent souples , rusés , adroits , malins , égoïstes et cruels , plus aussi ils contractent ces petits défauts de friponnerie, que le besoin de vivre aux dépens d'autrui , rend si familier à une espèce d'hommes trop communs sur la terre.

Toutefois les chats ayant acquis de l'influence

---

(1) La plupart des chats domestiques ont les oreilles redressées, il n'y a même que celui de la Chine , de la province de Pechy-Chily , qui les ait absolument pendantes.

sur l'esprit des femmes, devaient bientôt jouer un grand rôle sur la terre. Les prêtres de l'antiquité, qui savaient aussi mettre à profit les faiblesses des hommes, firent courir le bruit que Diane, pour échapper à la fureur des géans, s'était cachée sous la figure d'un chat. Le coup d'état des escobards du paganisme eut le succès qu'ils devaient s'en attendre, les femmes enchantées que la chaste amante d'Endymion eut pris le figure de leur favori pour échapper à ses tyrans, demandèrent à corps et à cris que les chats fussent divinisés. L'hypocrisie et la superstition sont absolues et persévérentes dans leurs volontés, il fallut céder ; et d'ailleurs, Madame, vous conviendrez qu'il n'était guère possible de résister à l'union combinée des chats, des femmes et des prêtres.

Les chats eurent donc des autels : on les représenta sous leur forme naturelle et sous celle d'un homme à tête de chat. On fit en Egypte des lois très-sevères contre ceux qui tueraient ou maltraiteraient ces animaux; enfin, le temps, qui légitime les choses les plus injustes et les plus risibles, rendit le culte du chat si vénéré, qu'on ne trouvait pas un manoir dans l'Egypte qui n'eut son dieu chat, auquel la famille rendait journellement ses actions de grâces; lorsque, dans cette terre de superstition, un chat mourrait, ce n'était que pleurs et lamentations pour ceux qui faisaient cette perte ; on s'arrachait les cheveux, on se coupait les sourcils, l'animal défunt était porté pompeusement dans le lieu sacré, et là, après avoir été embaumé, il était enseveli et recevait les honneurs de l'apothéose; mais le croiriez-vous, Madame, les Egyptiens, d'après Hérodote, avaient tant de vénération pour les chats, que lorsque leurs maisons brûlaient, ils préféraient sauver ces animaux des flammes que d'éteindre le feu, et le premier sentiment qui les touchait en voyant leurs fortunes anéanties, c'était la perte de leurs chats.

Le culte de la raison, qui vint après le paganisme, fit tomber l'idole, mais la bête resta, et l'on sait jusqu'à quel point elle fut chérie, aimée et fêtée partout où il y eut des femmes. En Chine, c'est l'animal le plus heureux de la maison, il ne quitte jamais le duvet et la soie, il vit dans une molle insouciance et dans une impassible tranquillité; il couche ou au pied de sa maîtresse, ou sur un riche sopha; on lui met des parures comme on le fait à un enfant les jours de fêtes; son cou est entouré d'un collier d'argent, ses oreilles sont embellies par le jaspe ou le saphir. En Turquie, on fait pour eux des hôtelleries et rentées pour leur nourriture, avec des intendans et des domestiques pour régler et pour servir ces nobles animaux. En France, ils jouissent de a plus douce existence; compagnons fidèles de leurs maîtresses, ils les amusent, ils les dissipent

par leur gentillesse et leurs adroites ruses, et par
mille tours ingénieux et malins, ils leur font
passer le temps de la douleur et de l'ennui ; mais
aussi combien de douceurs et de caresses ne re-
çoivent-ils pas dans la journée, de combien de
soins et de précautions ne sont-ils pas l'objet. Je
ne puis, Madame, retracer ce tableau sans penser
au chat que je vis l'autre jour dans certaine
maison ; mollement couché sur sa maîtresse, cet
heureux animal recevait tranquillement les tendres
baisers que l'on ne compte pas lorsque l'on aime,
et il avait l'insolente audace, ou plutôt l'adroit
instinct de répondre à de si précieuses effusions.

Je sais que quelques mauvais plaisans ont
fait des allusions injurieuses, qu'on a voulu
établir des comparaisons offensantes ; tranquil-
lisez-vous, Madame, les naturalistes vous ont
vengée, et la nature a repoussé tous les sarcas-
mes. Les chats ne regardent jamais en face,
leurs yeux obliques et détournés indiquent la défiance et la fausseté. La femme fixe noblement, et
la douceur et la sincérité sont dans ses regards
comme sur ses lèvres. Les chats ne savent point
aimer, ils sont dissimulés et traîtres par penchant, méchans et cruels par habitude. Les
femmes, ah ! Madame, pardonnez à un excès de
zèle cet oubli des convenances, ce n'est pas à moi,
qui adore les bienfaits du Créateur dans la com-
pagne de l'homme, à faire des comparaisons,

laissons à l'insensible stupidité cet ignoble travail et reprenons notre narration.

Le chat a pour lui d'être joli, léger, badin, gracieux et propre, qualités qui le font aimer des femmes, qui naturellement isolées dans leur maison, ont besoin de distraction et de désennui; leurs gentillesses et leurs malices ingénieuses ont quelque chose qui réjouit et plait lors même qu'elles ont un but criminel et un principe d'égoïsme, et on pardonne facilement leurs coups de pattes et leurs tours de fripon, en faveur de leurs qualités sociales. Les naturalistes n'ont pas tous bien parlé des chats. On dirait que Buffon avait de l'humeur contre eux lorsqu'il a tracé les lignes éloquentes qui concernent ce quadrupède; quelque peu avantageuses qu'elles soient à mon système, je me vois obligé de vous les rappeler afin de pouvoir combattre ce qui peut nuire à l'opinion que vous vous êtes faite des chats.

« Le chat, dit ce célèbre écrivain, est un domestique infidèle, que l'on ne garde que par nécessité, pour l'opposer à un autre animal domestique encore plus incommode, et qu'on ne peut chasser, car nous ne comptons pas les gens qui ayant du goût pour toutes les bêtes, n'élèvent des chats que pour s'amuser, l'un est l'usage et l'autre est l'abus, et quoique ces animaux, surtout lorsqu'ils sont jeunes, aient de la gentillesse, ils

ont en même temps une malice innée, un caractère faux, un naturel pervers que l'âge aug-
mente encore et que le naturel ne fait que masquer ; de voleurs déterminés, ils deviennent seulement lorsqu'ils sont bien élevés, souples et flatteurs comme les fripons, ils ont la même sup-
tilité, le même goût pour le vol, le même penchant à la petite rapine. Comme eux ils savent
couvrir leur marche, dissimuler leur dessein,
épier les occasions, attendre, choisir, saisir l'instant de faire le coup, se dérober ensuite au châtiment, fuir et demeurer éloigné jusqu'à ce qu'on
les rappelle ; ils prennent aisément des habitudes
de société, mais jamais de mœurs, ils n'ont que
l'apparence de l'attachement, on le voit à leurs
mouvemens obliques, à leurs yeux équivoques. Ils
ne regardent jamais en face la personne aimée, soit
défiance ou fausseté ils prennent des détours pour
en approcher, pour chercher des caresses aux-
quelles ils ne sont sensibles que pour les plaisirs
qu'elles leur font; le chat ne paraît sentir que
pour soi, n'aimer que sous conditions, ne se
prêter au commerce que pour en abuser, et par
cette convenance de naturel, ils est moins incom-
patible avec l'homme qu'avec le chien, dans le-
quel tout est sincérité ; son naturel ennemi de
toute contrainte le rend indocile et incapable
d'une éducation suivie. »

Tout ce que dit le naturaliste est un peu exagéré, vous vous en apercevrez facilement dans le cours de cette lettre.

L'horreur que les chats ont pour l'esclavage et pour tout ce qui tend à enchaîner leur volonté est si forte, que le châtiment qu'ils craignent le plus, c'est celui d'être mis à l'étroit, ou forcés à une prompte obéissance. Dans la gêne, le chat n'est plus le même, son invincible naturel n'a plus de force, il ne pense ni au vol, ni à la chasse, et il mourrait de langueur et de faim auprès d'une abondante nourriture; Lemery, après avoir mis dans une cage un chat y fit passer quelques souris, le chat, loin de leur faire du mal, les regardait tranquillement avec une espèce d'indifférence, les souris devenues plus hardies provoquaient le chat par de petites agaceries, mais celui-ci ne répondait que par le silence et la tranquillité. La liberté lui eut rendu sa force et sa voracité, et les souris eussent été perdues si la cage eut été ouverte; les chats craignent aussi les châtimens, lorsqu'on est sévère à leur égard, non seulement ils deviennent souples, comme dit Buffon, mais ils deviennent obéissans et sages; je crois que ce sont là deux moyens assez bons pour les soumettre à de certaines règles sociales. Du reste les histoires ne sont pas sans exemples : on rapporte que des moines de l'île de Chypre s'occupèrent à élever des chats pour chasser les serpens qui infectaient cette île, et qu'ils y réussirent si bien que dans peu de temps les chats chasseurs virent la fin de tous ces reptiles. Valmont de Bomare a vu, à la foire de saint Germain, des chats qui faisaient de la musique ; ces animaux, dit-il, étaient placés sur des stalles avec un papier de musique devant eux, et au milieu était un singe qui battait la mesure, à ce signal réglé, les chats faisaient des cris ou des miaulemens tristes et plaisans : ce concert fut annoncé au peuple sous le nom de concert miaulique. Mais pourquoi ne pourrait-on pas élever des chats, puisque l'on élève des rats, des serpens et des animaux les plus stupides ; vous connaissez l'histoire de cet infortuné qui parvînt à apprivoiser une araignée dans sa prison ; nous voyons de nos jours des baladins faire faire la manœuvre à des lièvres et à des lapins ; pourquoi, dis-je encore, après de pareilles éducations ne pourrions - nous pas entreprendre celle du chat ; son caractère, dit-on, est indomptable, c'est l'animal qui est doué de plus de force et de volonté, j'en conviens, un célèbre naturaliste en convient aussi, cependant il dit que cet animal est susceptible de reconnaissance, et que, par l'éducation, il devient un ami fidèle, il croit même qu'on pourrait parvenir à élever la grande race de chats, dans laquelle sont placés les lions et les tigres, et le trait de reconnaissance et d'attachement de ce lion, dont l'histoire romaine nous a conservé le souvenir, semble corroborer le sentiment du zoologiste français ; d'après tous ces exemples, il me paraît juste de ne pas se prononcer si sévèrement sur le compte des chats , et de croire qu'avec du temps et des bons principes, on peut en faire des sujets obéissans et fidèles. Je suis fâché, Madame, de ne pas partager l'avis de Buffon , en cette matière c'est un docteur grave et très-grave , et je ne doute pas que son opinion ne fasse foi parmi ses sectateurs ; mais je ne dois rien vous cacher de tout ce que les ennemis des chats ont pû dire contre eux, vous saurez donc que la plupart des hommes n'ont pas eu pour ces animaux la même affection que les égyptiens. Henri III les avaient en horreur , et la vue d'un chat le faisait tomber en syncope. Nos chasseurs , nos gardes-forestiers ne font pas scrupule de les tuer ou de les prendre , et je vous dirai même qu'il y a une espèce de citoyens dans le peuple , qui se met à l'affut auprès des maisons où les chats sont noblement et grandement nourris , et lorsqu'ils peuvent en attraper quelques-uns , ils lui font l'honneur du civet ; les Russes, les Danois, les Cosaques vont à la chasse des chats, dont ils mangent la chair; ils vendent leurs peaux aux Européens , qui à leur tour en font de jolies fourrures. Il y avait une loi, dans le royaume d'Arragon, qui punissait les larons en les fouettant avec un chat attaché au cou. Ambroise, Pavé et Mathiole ont été les plus grands détracteurs de

chats que l'on ait vu sur la terre, ils ont pré-
tendu que ces animaux étaient venimeux, que
leur haleine était mortelle et occasionnait la phti-
sie ; l'un d'eux a dit que leurs cervelles empoi-
sonnaient, et que l'amiral Tromp fut empoi-
sonné en mangeant une cervelle de chat. Si toutes
les choses de la terre n'avaient pas leurs bons
et leurs mauvais côtés ; si toutes celles qui ont
été soumises à l'investigation de l'homme n'avaient
pas eu leurs panégyristes et leurs critiques ; tout
ce que l'on dit contre des animaux domestiques
(d'ailleurs si utiles et si caressans), pourrait
sans nous entraîner fixer notre attention, mais
nous abandonnons aux indifférens les auteurs saty-
riques de la race miaulique, et nous allons continuer de parler d'elle sans enthousiasme comme
sans prévention.

Les philosophes et les poètes se sont plûs à
étudier le caractère du chat, et leurs goûts, leurs
habitudes, leurs ruses combinées dans la chasse,
leur manière de se défendre, leurs tours de fripon
ont fourni dans tous les temps à leur génie de
nombreux sujets de morale ; c'est surtout sous
le voile ingénieux de l'allégorie, ou sous les traits
piquans de la satyre, que les poètes de tous les
siècles ont crayonné la vie politique et guerrière
du chat; il n'entre pas dans mon idée d'examiner
si Ésope, Phèdre, La Fontaine et Florian ont
eu raison d'établir quelques comparaisons entre

les actions du chat et celles de certains hommes pervers, mais je dois montrer que la perversité du chat est moins criminelle que celle des hommes ; le chat naît avec des dispositions sauvages et un goût très-prononcé pour la rapine ; la ruse, la dissimulation et tous les vices qu'on lui reproche sont un héritage de sa race ; abandonné à lui-même, il se livre à ses inclinations naturelles, et en cela il n'y a rien de coupable ; un être que la raison n'éclaire pas, n'a que la nature pour guide ; mais cet animal qui ne porte en naissant que des vices et pas une qualité, se polit, s'humanise, et corrige son naturel par l'instruction, on le voit se plier à nos manies et à nos caprices, et faire tout ce qu'il peut pour nous plaire et nous charmer ; quand il n'aurait, comme on le dit, que l'apparence de l'attachement, quand toutes les habitudes sociales qu'il contracte ne serviraient qu'à masquer la perversité de son caractère, ce serait toujours beaucoup pour lui ; mais on l'a dit sans le prouver, que le chat ne perd rien de sa cruauté et de sa sauvagerie par l'éducation ; il serait difficile de me faire croire que l'animal qui reste toute la journée à côté de sa maîtresse, qui obéit à ses commandemens, qui se hâte d'accourir lorsqu'elle l'appelle, qui est triste et chagrin de son absence, qui à son retour court au-devant d'elle, et lui fait mille caresses, n'agit que par ruse et par dissimulation ; la flatterie et la souplesse sont bien les armes des fripons, mais les fripons ne sont pas toujours souples et flatteurs, et les chats, lorsqu'ils ont contracté des habitudes sociales, les gardent jusqu'à leur mort ; les chats bien élevés sont sobres, doux et tranquilles, ils ne sont portés ni au vol, ni à la rapine, ils dédaignent même le plaisir de prendre par ruse et par adresse les souris et les rats, entièrement occupés de plaire à leur maîtresse, ils ont pour elles l'ardeur d'un amant et la complaisance d'un mari, jamais les vices de leur naturel ne se montrent dans leur commerce familier, et si dans le badinage ils se servent de leurs pattes ou de leurs dents, on n'a pas lieu de s'en plaindre, c'est toujours avec prudence et discrétion ; on ne peut pas dire d'eux comme des hommes :

Chassez le naturel il revient au galop.

C'est donc un avantage pour les chats d'être élevés, ou plutôt c'en est un pour nous, puisque nous les rendons dociles à nos volontés ; du moins le chat ne contracte aucun vice par l'éducation, mais l'homme pervers, qui porte en naissant la bonté et la douceur, qui jamais, vivant dans les forêts, n'aurait appris la rapine, la fraude, la dissimulation et la ruse, qui indépendamment de cette disposition naturelle, a pour lui la force, l'exemple et le divin avantage de combiner ses idées, de les communiquer par la voix, de les transmettre à sa postérité par son intelligence et son industrie, soumis à un système d'éducation, dans le seul but de faire usage de sa raison pour son bonheur et sa conservation, abuse des dons que Dieu lui a fait, et des lumières de la civilisation; il dégrade son espèce, il devient un monstre civilisé, il devient chat en un mot; et tandis que le chat par l'instruction développe son intelligence pour corriger ses penchans naturels, l'homme pervers n'acquiert du savoir et de l'instruction que pour en abuser et mettre à profit toutes les malices du monde.

Ainsi l'on peut dire que la perversité dans le chat est un accident naturel, un attribut de sa destinée, tandis que dans l'homme c'est un crime prémédité, c'est une monstruosité morale volontaire, que pour l'animal l'éducation est avantageuse et honorable, que pour l'homme pervers elle est un sujet de honte et de déshonneur ; je ne vous dirai pas combien un homme pervers est nuisible à la société, combien ses vices sont pernicieux pour elle ; j'ai voulu seulement montrer qu'un chat bien élevé a plus de droit à notre estime qu'un homme vicieux, parce que l'un a profité de l'instruction pour nous plaire et pour se corriger, et l'autre en a profité pour nous nuire ; maintenant, je soutiendrai que les défauts du chat domestique ne sont point nuisibles dans une maison : il est méchant , dit-on , j'en conviens , mais il n'exerce sa méchanceté que contre les chiens et les chats , et contre tous les animaux étrangers qui viennent insolemment le provoquer ; il ne fait jamais de mal à ses maîtres, et s'il se permet quelques coups de griffes ou quelques morsures légères , ce n'est que lorsque qu'on le pousse à bout, ou que quelque inconnu vient le tracasser ; ainsi sa méchanceté a deux avantages , celui de le faire respecter des animaux et de ceux qui lui sont étrangers, et celui de s'isoler de tout le monde, excepté de ses maîtres auxquels il se dévoue , et pour lesquels il devient doux et complaisant; le chat est rusé et cruel , mais sa ruse et sa cruauté ne s'exercent que contre des animaux immondes qui nous incommodent , et contre lesquels nous sommes obligés d'employer le poison et la ruse ; un chat bien élevé vit dans la maison de son maître avec toute sorte d'animaux, lorsqu'on l'a accoutumé à les fréquenter et à manger avec eux , il couche avec les chiens, avec les lapins, avec les poules , et jamais , quand même il serait pressé par la faim , il n'exerce sur eux sa cruauté ni sa ruse; ainsi ces deux défauts ne sont point nuisibles dans un chat domestique ; les oiseaux que l'on élève n'ont rien à craindre d'un chat, lorsque celui-ci s'est habitué à les voir. On dit aussi qu'ils sont adroits et voleurs : un chat auquel on donne le nécessaire et qui a reçu quelques leçons de sobriété ne vole point, on peut mettre à ses côtés de la viande, du poisson, ou toute sorte de chose dont ils sont très-friands, ils sauront les respecter ; mais si on le fait jeuner, si dans sa jeunesse on ne lui a pas appris à être honnête et discret, il n'y a pas de raison pour qu'il ne vole pas. La nature et le besoin lui en font une loi, et le vol est alors une nécessité dont on ne saurait lui faire un crime.

De tout ce que je viens de dire, on doit tirer la conséquence que le chat, né avec un caractère sauvage et des goûts pervers, se livre naturellement à tous ses penchans, lorsqu'il est abandonné à lui-même, mais que plus on soigne son éducation, plus il perd les vices de nature, et devient docile et civil, cette vérité s'applique à toutes les espèces de chats domestiques; les plus méchans comme les plus doux, s'apprivoisent et s'élèvent parfaitement ; les ennemis des chats, les amis des chiens, qui sont ordinairement les antagonistes de la race miaulique, vont me dire pourquoi prendre tant de peine pour élever des chats, à quoi sont-ils utiles? quelles qualités ont-ils pour se faire aimer ? Philosophiquement parlant, l'éducation du chat a un but plus utile, plus sage, plus humain, et j'ose le dire, plus social que celle d'un chien; l'éducation du chat sert à le rendre moins cruel et moins vorace, celle du chien ne sert au contraire qu'à lui donner des mœurs féroces et barbares ; on n'élève les chiens que pour aller écorcher, détruire, dévorer dans les forêts les animaux les plus doux, les plus paisibles de la terre, et ceux aussi qui sont les moins nuisibles à l'homme; on élève les chats pour les plier, à nos habitudes sociales, et pour inspirer la terreur à une race de vils animaux qui ne semblent nés que pour nuire et pour importuner ; l'éducation du chien a quelque chose qui répugne à la justice naturelle et à l'humanité, celle du chat n'offre rien de semble, la raison veut au contraire que nous élevions des animaux pour faire la guerre à ceux qui nous sont nuisibles, et elle ne repousse pas le désir qui nous les fait élever dans le seul dessein de servir à nos plaisirs et à nos distractions ; je dis plus, le mot éducation est mal appliqué au mode que l'on employe pour dresser les chiens à prendre le gibier, car ce mot porte en lui-même l'expression de palier, d'adoucir les mœurs et le caractère de l'individu, et non pas celle de le rendre plus méchant et plus cruel. Du reste qu'on ne pense pas que je veuille faire ici le procès à ceux qui dressent des chiens, ni à ceux qui donnent des règles pour les élever, obligé de traiter de l'éducation des chats, j'ai cru devoir montrer que le sujet n'était pas si futile qu'on le pense, et qu'il avait son mérite et son utilité comme un autre.

Jusqu'ici, Madame, nous n'avons montré le

chat que par ses mauvais côtés, et j'espère que notre impartialité nous aura mérité l'application de cette maxime de Boileau :

J'appelle un chat un chat, et Rolet un fripon.

Dans le fait, tout en les défendant, nous n'avons point nié ses vices et ses défauts, nous avons même rappelé la diatribe que Buffon a lancée contre eux, et si nous avons parlé de quelques-unes de ses qualités domestiques, c'était moins pour le louer que pour appuyer les droits d'une légitime défense ; parler un instant de ses qualités naturelles après s'être entretenu si longuement de ses défauts, ne paraît pas hors de propos.

Le chat est de tous les animaux celui qui, à raison de sa grosseur, a le plus de force et de vigueur, et avec cela, il est souple, nerveux, ce qui le rend capable d'employer sa force avec avantage et de se défendre avec des animaux bien plus grands que lui : il craint le chien, mais le chien le craint à son tour, et pour ne pas en venir à des crises qui sont toujours sanglantes et meurtrières, ils s'éloignent l'un de l'autre ; mais quand un chien entre dans une maison où se trouve un chat, celui-ci ne se cache pas pour lui apprendre que sa visite ne lui est pas agréable, il commence par tourner autour de lui ou par se mettre sous quelque chaise, et là, le poil hérissé, la queue redressée et les yeux hagards, il

prélude une certaine musique qui est plus plaisante qu'agréable, si le chien s'obstine à rester ,
ou que plus hardi il cherche à l'attaquer.

Le combat commence et toujours assez singu-
lièrement. Le chat, caché sous sa chaise ou dans
quelque coin, envoye des coups de pattes à son
ennemi, et avec tant de rapidité que l'un n'attend pas l'autre ; le chien veut mordre et saisir le
chat, mais il craint tellement ses griffes qu'il est
obligé de se battre les yeux fermés. Figurez-vous
un chat qui grogne, un chien qui aboie, et les
deux ennemis aux prises avec des contorsions
et des manières toutes risibles, et vous aurez une
idée d'une bataille de chien et de chat ; mais la
défense du chat et son opiniâtreté à faire délo-
ger son ennemi sont surprenantes. Si le chien,
par crainte ou par indifférence cesse de poursuivre le chat, celui-ci ne cesse point de le provoquer, il observe tous ses mouvemens, il le suit,
et court de chaise en chaise, de meuble en meuble, et toujours le plus près qu'il peut, afin de
pouvoir lui lancer quelques coups de pattes,
enfin il ne reste tranquille que lorsqu'il le sent
parti ; cette animosité naturelle du chien et du
chat n'a jamais été bien définie par les philosophes, mais elle a fait naître le proverbe : ils
sont comme chien et chat, pour dire, en parlant
de deux personnes qui ne sont jamais d'accord.

Le chat est très-léger, il grimpe sur les arbres et

saute avec une facilité inconcevable ; il est d'une méfiance extrême, tout ce qui est nouveau le frappe; un geste, un ton de voix un peu fort l'effraye et le fait cacher. En criant: au chat, au chat, on est sûr de le faire fuir. Il est aussi très-curieux, il flaire tout ce qui ne lui est pas familier, et il ne mange ni ne boit jamais rien sans l'avoir préalablement senti ; le sens de l'odorat, qui chez lui est très-borné, est celui cependant qu'il consulte le plus, soit pour satisfaire à sa délicatesse naturelle, soit par goût, car il aime les odeurs. Les personnes qui se parfument, les plantes qui ont beaucoup d'arome lui plaisent particulièrement; la cataire, la valériane lui donnent des momens de délectation, on se plaît à le voir, dans son contentement, caresser de son museau ces plantes, les frotter avec ses moustaches, et se coucher sur elles. Un murmure sourd et continu est la marque qu'un chat est content et satisfait, il a encore une autre manière d'exprimer son bonheur et sa joie, il élargit ses doigts et pose et relève alternativement les pieds de devant comme s'il pétrissait, mais il ne se trouve dans cet état que sur des endroits chauds, tels que sur un lit, sur un fauteuil, et parfois sur les personnes : ils sont nés pour la chasse et, comme dit Buffon, ils en savent plus que les chiens les mieux instruits : leur manière de chasser est commune avec toutes les espèces du genre miau-

lique, que M. Cuvier a appelée mamifères carnassiers digitigrades, elle consiste à se blottir
dans un buisson ou dans les lieux cachés, et à
se jeter sur leur proie lorsqu'elle est à leur
portée ; un chat qui sent sa proie attend avec
une patience inconcevable des heures, des jours
entiers, le moment de la saisir. Aussi a-t-on
bien dit, lorsqu'en parlant d'un homme qui observe les actions d'un autre, qu'il le guette comme
le chat fait la souris. Cet animal a le museau
court, les oreilles droites, la queue petite, le
nez saillant et rude au toucher, il n'a pas
l'odorat fin, à quelque distance de lui il ne sent
plus, c'est ce qui lui fait lâcher sa proie du
moment qu'il la perd de vue, mais aussi il entend très-bien, le moindre mouvement, le moindre bruit le met sur le qui-vive ; il a le som-
meil très-léger, et si quelque souris a le malheur
de gratter ou de ronger autour de lui, on est
sûr de le trouver prêt à la surprendre, toutefois il faut excepter les momens qu'il dort,
à la suite de ses grandes courses, alors son som-
meil est fort. Une de ses qualités particulières
est d'y voir la nuit, ce que l'on attribue à la con-
formàtion de son œil, dont la pupille se contracte
en long pendant le jour, et prend une forme
ronde pendant la nuit, ses yeux sont grands et
rapprochés l'un de l'autre. L'œil des chats est
bleu dans les jeunes, vert dans ceux d'un âge

avancé, et ordinairement gris dans les adultes ; l'histoire rapporte que le Tasse, dans un de ses momens de dénûment et de misère, n'ayant pas de chandelle pour écrire, pria sa chatte, par un joli sonnet, de lui prêter durant la nuit la lumière de ses yeux. Les yeux du chat donnèrent lieu, au commencement du dix-huitième siècle, à une dispute très-vive parmi les savans, qui fournit matière à plusieurs mémoires recueillis dans les annales académiques : on avait découvert qu'en plongeant un chat dans l'eau et en tournant sa tête de manière que ses yeux fussent directement exposés à une grande lumière, il arrivait que, malgré la grande lumière, la prunelle de l'animal ne se rétrécissait point, et qu'au contraire elle se dilatait, et dès qu'on retirait l'animal vivant de l'eau sa prunelle se resserrait, que l'on apercevait distinctement dans l'eau le fond des yeux de cet animal, que l'on ne peut jamais voir à l'air ; il paraît que l'explication de cette espèce de phénomène était d'une grande importance dans l'histoire anatomique du chat, car le célèbre Haller montra beaucoup de zèle pour cet affaire, et qu'il se livra à un grand travail pour en donner une solution raisonnable. Ce qui est certain, c'est que cette faculté de voir pendant la nuit est très-favorable au chat pour guetter et prendre les souris, qui ordinairement ne font leurs courses que pendant la nuit ou dans l'obscurité.

Vous ne savez peut-être pas, Madame, comment un chat guette une souris, les vôtres sont tellement bien nourris, tellement bien soignés, qu'il ne s'occupent guère de faire la chasse à ces animaux, il se contentent de leur inspirer la crainte, et ils savent trop bien que leur seule présence les fait fuir, lors donc qu'un chat s'aperçoit d'un trou de souris, il va s'assurer d'abord en le flairant s'il est fréquenté, si son nez lui décèle l'existence d'une souricière, il ne s'en occupe pas pendant le jour, mais dès que la nuit est arrivée, il se glisse en rampant auprès du trou, et là, dans le silence et sans qu'aucun mouvement le décèle, il attend patiemment sa proie, il se met toujours à une certaine distance afin de pouvoir s'élancer sans gêne; après quelques heures de guet, si la souris ne paraît pas, il se dérange, non pas par motif d'impatience, mais pour aller faire une ronde dans l'appartement, et inspecter tous les coins, lorsqu'il voit que tout est tranquille et qu'il n'entend ni cri ni bruit provocateur, il retourne à sa place jusqu'au jour, alors, si la souris n'a pas paru, il va vaquer à ses occupations ordinaires qui, comme vous savez, sont de caresser, de flatter sa maîtresse, et de manger des choses friandes et légères, mais la nuit arrivée il se met de nouveau à l'affût, enfin il continue le même commerce jusqu'à ce que la souris soit tombée dans ses griffes, ce qui ordinairement ne tarde pas d'arriver.

Le chat marche sans bruit, tout ce qu'il fait il le fait adroitement et avec beaucoup de délicatesse, il monte sur les cheminées, va dans les armoires et parcourt les endroits où on met les choses les plus casuelles et les plus fragiles sans rien casser, à moins qu'on ne le surprenne et qu'on lui fasse peur; il est très-propre, il passe des heures entières à se nettoyer et à se lécher, il ne fait jamais ses ordures dans les appartemens, il couvre celles qu'il fait : il est délicat et fin dans ses goûts, ce qui a fait dire d'une personne friande : c'est une chatte ; les viandes corrompues ou trop faisandées, les mêts trop composés, les sauces grasses ne lui conviennent pas, il lui faut du poisson, des oiseaux, de petites souris, du lait, et en général une nourriture délicate et légère, et ce qu'il y a de particulier, c'est que lorsqu'on les accoutume de bonne heure à manger de tout, ils ne sont ni gourmands ni délicats, ils mangent de la salade, des châtaignes, des pommes de terre, des carottes cuites, ils se contentent d'une simple pâtée faite avec de la mie de pain et un peu de viande hachée. Les chats à Paris et dans les grandes villes, son nourris avec le mou de bœuf, c'est pour eux une bonne nourriture, mais elle les rend voraces et carnassiers.

Une preuve que le chat prend facilement les habitudes sociales, c'est cette facilité de le nourrir comme on veut lorsqu'on l'élève, mais si on lui a fait contracter un genre de vie, et qu'on l'ait accoutumé à une espèce de nourriture, dans le cours de sa croissance, il faut les lui continuer pendant sa vie, sans cela il souffre, il devient languissant et souvent il meurt. Les anciens croyaient que les chats vivaient six ans, c'était le sentiment de Pline; Aldrovande a fixé la vie d'un chat à dix ans, mais il est prouvé que cet animal, lorsqu'il est bien soigné, peut aller jusqu'à douze et même quinze ans. Le chat croît et grossit jusqu'à dix-huit mois, c'est pendant ce temps que l'on doit entreprendre son éducation et que l'on peut espérer de le rendre souple et obéissant. Après sa croissance, il n'est plus susceptible d'éducation, son naturel développé sera le même pendant le cours de sa vie : le chat craint le froid et quoiqu'il cherche souvent à se placer au coin du feu, il craint aussi la chaleur, son tempérament voluptueux et nonchalant le rend ennemi de tous les extrêmes. Lorsqu'on veut faire une niche à un chat, on n'a qu'à le tremper dans l'eau à quelle température qu'elle soit ; on a dit qu'un chat échaudé craint l'eau froide, pour rappeler que celui qui a échappé d'un péril craint tout ce qui est de même nature.

Le Chat, élevé soigneusement, aime à être caliné, flatté, caressé, il n'oublie pas facilement quoiqu'on en dise, la main qui le caresse et qui le nourrit, il est fier et orgueilleux d'être amadoué par sa maîtresse, ce qui a fait dire à Regnier : je deviens aussi fier qu'un chat amadoué : mais autant il est charmé d'être caressé par ceux qui le soignent, autant il déteste d'être pris par des étrangers, il égratigne, il mord pour s'échapper et fuir, ce qui donne lieu au proverbe : on ne prend pas si facilement un chat que des mitaines.

Le chat a un fort joli corps, voici comment M. Cuvier en retrace tous les avantages. Le naturel calme, patient et rusé du chat est en parfaite harmonie avec ses qualités physiques, il n'est point d'animaux dont les formes et les articulations soient plus arrondies, dont les mouvemens soient plus souples et plus doux, et toutes les espèces se ressemblent à cet égard, quiconque a vu un chat domestique peut se faire une idée de la physionomie, de la forme et des allures d'un autre chat ; tous ont comme lui une tête ronde, garnie de fortes moustaches, un cou épais, un corps allongé et presque aussi gros au ventre qu'à la poitrine, et qui peut s'étrécir au besoin, des doigts très-courts et de fortes pattes peu élevées, celles surtout de devant, et la plupart ont une queue assez grande et fort mobile, ils marchent avec lenteur et précaution et en fléchissant les jambes de derrière, se reployant très-facilement sur eux-mêmes, ils font usage de leurs membres et surtout de leurs pattes avec une adresse que l'on aime à voir ; ils n'ont point un mouvement dur, lorsqu'ils courent, il semble qu'ils glissent, lorsqu'ils s'élancent, il semblent qu'ils volent. Le même naturaliste observe qu'ils sont les seuls parmi les carnassiers qui aient quatre molaires à la mâchoire supérieure, une tuberculeuse, une carnassière et deux fausses molaires, et trois à la mâchoire inférieure, une carnassière et deux molaires, ils ont deux canines et deux incisives à chaque mâchoire. La supérieure et l'inférieure sont armées chacune de treize dents.

Ils sont les seuls aussi dont les ongles se relèvent et se cachent entre les doigts de manière à conserver leurs pointes et leurs tranchans.

Quoiqu'il en soit, les dents de cet animal sont très-blanches, mais peu fortes, on ne peut pas en dire autant de ses ongles, elles sont d'un blanc sale, et quoiqu'elles paraissent à peine, elles sont très-fortes et très-aiguës, et c'est pour le chat l'arme la plus redoutable comme la plus utile, c'est par leur secours qu'il grimpe sur les plus forts arbres, qu'il se défend contre les plus forts animaux, et qu'il fait la guerre à tous les autres. C'est avec elle qu'il tire la viande du pot, décroche le gibier pendu, soutire d'un panier le

poisson qui vient de la halle, et fait tant d'autres petits larcins dont on ne doit pas se plaindre, puisqu'on l'a laissé vivre dans le vice et dans
l'ignorance ; mais ses griffes qui font tant de
mal et qui facilitent tant de vœux criminels, ne
sont jamais employées contre la maîtresse qui le
nourrit , il les cache tant qu'il peut, lorsqu'il
l'amuse, qu'il la flatte, et qu'il lui fait, comme
on dit , la patte de velours ; en effet, rien ne
ressemble plus à la soie et au duvet que les
pattes d'un chat. Sa voix, par exemple, n'est
pas belle , elle a quelque chose d'aigre et de dis-
cordant, ce qui a fait dire d'un concert vocal où
il n'y a ni accord ni harmonie, c'est une musique de chat. La tête du chat est belle , elle est
régulière et bien caractérisée , elle a quelque
chose de mâle et d'agréable, comme celle du lion,
son aîné. Quoique la forme de la tête des chats
ait, comme l'a dit M. Cuvier, une identité généri-
que , il se trouve des espèces comme celles
qu'a reconnu Pallas, en Russie, qui par une con-
formation particulière font une exception anoma-
lique dans le genre.

Les femelles ont toutes quatre mamelles, très-
courtes, un peu ridées, mais que les jeunes
chats savent bien prendre et facilement pressurer ;
elles peuvent nourrir quatre à cinq petits,
mais il vaut mieux ne leur en laisser que deux ;
nous expliquerons les raisons au chapitre de
leur éducation. Les chats tombent toujours

droit sur eux-mêmes , ceci vient, comme l'a dé-
montré Parent , dans l'histoire de l'Académie, à
la faculté qu'ils ont de recourber l'épine du dos
au moment de leur chute, ce qui leur fait faire
un mouvement mécanique dont résulte un demi-
tour qui, rendant à leur corps toute sa gravité, les
fait tomber sur leurs pattes, mais ce qu'il y a
de particulier, c'est qu'ils se font rarement de mal
en tombant , à moins qu'il ne tombent sur quelque chose de tranchant ou de pointu ; il est de
fait que j'ai vu tomber des chats de très-haut et
que je ne les ai jamais vu mourir de leur chute ;
un chat qui tombe d'un cinquième dans la rue
est d'abord étourdi par sa chute , il miaule un
instant et fuit ensuite.

Cet animal ne nage pas aussi bien que le chien ,
et il court encore beaucoup moins vite ; c'est le
seul développement de forces, dit le zoologiste
que j'ai déjà cité, auquel leur organisation ne se
prête pas ; cependant , quoiqu'il ne soit pas rapide
dans sa course , il est vif, véhément et léger ; l'espèce de promptitude qu'il met à s'échapper du
feu a fait naître ce joli dicton : il passe là-dessus
comme un chat sur la braise; pour rappeler l'action d'un homme qui parle avec rapidité sur un fait
peu honorable.

Quelque disposition que les chats aient pour dévorer les rats et la race souricière, il se trouve des
cas où leur naturel s'humanise , ils deviennent af-

fables et complaisans pour eux, et même quelque chose de plus. Boyle rapporte qu'en 1684, un gros rat s'accoupla avec une chatte, en Angleterre, et qu'il naquit, de cette bisarre union, des petits monstres qui tenaient du chat et du rat, et que l'on mit au parc des animaux que le roi d'Angleterre fait nourrir. Si après une pareille alliance, Madame, il se trouve encore des détracteurs des chats qui viennent nous dire que ces animaux ne perdent rien de leurs mœurs sauvages par l'éducation, qu'ils sont toujours cruels et affamés de sang et de carnage, qu'ils portent cette cruauté de caractère jusques à prendre les animaux pour s'en amuser en les faisant mourir à petit feu, par un badinage barbare et malin, nous n'aurons pas besoin, pour leur répondre, d'épuiser notre dialectique, la chatte du roi d'Angleterre répondra pour nous. Mais il faut convenir que les chattes sont plus douces et plus aimables que les chats, qu'elles se plient plus facilement au joug domestique. Elles sont beaucoup moins coureuses et moins sauvages, et se prêtent, par fois, à nourrir de jeunes animaux d'un tout autre genre, tels que des chiens, des écureuils. Sonnini rapporte plusieurs exemples semblables.

Il y a certaines espèces de chats qui sont indisciplinables et que toutes les verges des frères ignorantins, comme toute la patience d'une religieuse ne sauraient vaincre. On ne peut pas dire de même des chattes de toutes les espèces domestiques , avec des soins on parvient à les rendre dociles et fidèles. Quoique l'un et l'autre aiment la maison, la chatte est plus casanière et elle n'aime pas à quitter les jupons de sa maîtresse , seulement, à certaines époques de l'année , elle se permet quelques courses dans le voisinage , commandées par la nature ; et lorsqu'elle est satisfaite , elle se renferme chez elle pour ne s'occuper que du soin de plaire et d'amuser sa patrone. Elle est beaucoup meilleure mère que le chat n'est bon père ; celui-ci ne se fait aucun scrupule d'imiter le vieux Saturne , il dévore ses enfans , c'est ce qui fait que la chatte craint sa présence lorsqu'elle vient de mettre bas, et qu'elle cherche quelque lieu caché , quelque trou inaccessible , pour préserver de la voracité de leur père les petits qu'elle a mis au monde. Mais la chatte fait plus , dès qu'ils sont nés elle les approprie, elle les caresse, elle les force à prendre la mamelle. Gardienne vigilante , malheur à l'animal téméraire qui viendrait dans l'endroit où sont ses petits , il est sûr d'éprouver les effets de sa jalouse fureur.

Je ne puis me priver de rappeler ici le tableau que fait Sonnini d'une chatte qui allaite, lorsqu'un chien importun vient allarmer sa tendresse maternelle.

Elle a le plus grand soin d'eux, dit cet auteur; lorsqu'ils commencent à marcher, elle les accompagne partout, les appelle près d'elle par un miaulement doux et particulier, et lorsqu'ils ne répondent pas, elle miaule de nouveau, sa physionomie prend un caractère d'inquiétude, elle fait quelques pas dans le chemin qu'elle voudrait leur faire prendre et revient à eux, elle tâche de les emporter.

Vient-il à paraître un chien, elle devient d'une fureur féroce, elle s'élance et se place fièrement entre le chien et sa chère progéniture, ses yeux s'enflent, sa pupile se dilatte fortement, elle ouvre la gueule, montre les dents, son front se fronce, ses moustaches sont agitées d'un petit tremblement qui est celui de la rage, elle souffle avec véhémence une odeur de chou gâté ou de mauvais musc, et semble cracher contre l'objet de sa haine ; son poil se hérisse, en même temps ses oreilles se couchent, sa queue se gonfle, son dos s'élève en se courbant, elle se roidit les jambes et, dans cet état, elle exécute quelques petits sauts comme pour l'effrayer et l'engager à prendre la fuite ; elle se présente à lui de côté comme pour lui faire remarquer sa grosse queue et les autres signes de sa fureur, et l'intimider davantage. S'il s'avance, elle saute sur lui et lui fait souvent un mauvais parti ; s'il reste en place, elle a quelque fois le courage de l'approcher ; s'il fuit, elle court après, sans autre dessein cependant que celui de s'assurer de sa sortie et d'empêcher son retour :

après avoir fait quelques temps sentinelle, elle revient à ses petits. Souvent elle les trouve cachés dans différens coins, où ils se sont réfugiés, elle les appelle, alors ils sortent de leurs cachettes et s'approchent; elle leur prodigue mille caresses, les lèche et leur donne à téter.

Non seulement la chatte élève ses petits avec soin et tendresse, mais, à mesure qu'ils grandissent, elle leur donne de petites leçons de ruse et d'adresse: elle leur porte des souris, des scarabées et d'autres petits animaux tous vivans, afin de leur apprendre de bonne-heure les moyens de vivre sans le secours d'autrui et de se faire aimer de ceux qui les élèvent.

Le mâle n'a de la tendresse et de l'attachement que dans le moment de la mue, encore est-il souvent indifférent aux caresses que lui fait la femelle, ce qui fait qu'il y a quelquefois du désordre et une espèce de brouille au moment le plus doux de leur vie, et que la chatte, piquée de la froideur du sauvage époux, le mord, l'égratigne, enfin provoque ses désirs par des actes de force et de désespoir.

A cette époque, les mâles quittent la maison et vont courir les champs pour chercher à satisfaire le besoin qui les tourmente. Souvent ils demeurent quinze, vingt jours absens; on les croit pris ou morts, lorsqu'on les voit arriver le corps couvert de coups de griffes, les oreilles déchirées, marques sanglantes de leurs combats amoureux; passé ce temps, le mâle vit dans une parfaite indifférence avec la femelle, mais ordinairement plus sauvage et plus rapineur qu'elle, il fait souvent des excursions chez les voisins, ce qui fait que souvent il reste dans le voyage, surtout lorsqu'il est jeune et beau.

Le chat mâle, pour être docile et complaisant, doit être châtré de bonne heure, alors il acquiert toutes les qualités de la femelle; mais, les premières années qui suivent cette opération, il a des momens terribles de fureur qu'il faut savoir éviter. Il est plus gras, plus fort et plus beau que la chatte, c'est pour cela qu'on le préfère toujours dans une maison où on ne les élève que pour le luxe et l'amusement.

Parmi les espèces de chats domestiques, il en est de fort petites, et ce ne sont ni les meilleures, ni les moins sauvages, ni celles qui ont le poil le plus fin et la plus belle peau ; mais elles sont excellentes pour attraper les souris.

Les chats que l'on estime le plus en France, comme objet de luxe et d'agrément, sont ceux qui sont forts et bien constitués et qui ont le poil long, brillant et soyeux, la tête grosse, les yeux grands et réguliers. Les plus beaux chats d'Europe sont les chartreux, les angoras et ceux d'Espagne ; le pélage de ces animaux est généralement fort estimé ; leurs poils ont une propriété électrique très-marquée, on n'a qu'à passer, dans l'obscurité, la main rapidement sur la peau d'un chat pour en faire sortir de nombreuses étincelles ; toutes ces espèces de chats aiment la paresse et sont très-voluptueux. Ils restent des demi-journées au soleil ou dans un coin à dormir et semblent ne sortir de leur état d'apathie que pour satisfaire à des besoins pressans. Lorsqu'ils s'éveillent, ils donnent des marques de leur extrême paresse ; ils se lèvent nonchalamment en bâillant et roidissant leur jambes, ils restent un bon moment à la même place sans pouvoir agir, comme s'ils sortaient d'une profonde léthargie, tels sont à peu près les mœurs et les habitudes des chats domestiques. Il y a des nuances dans le caractère de différentes espèces qui ont échappé à ma narration et que je ferai observer dans le traité de l'éducation.

Quand l'utilité des chats ne serait point reconnue, quand la guerre éternelle qu'ils font aux souris et aux rats, dont ils dépeuplent nos maisons, ne seraient pas d'un précieux avantage pour nous, il faudrait encore en élever pour nos plaisirs. Ils ont deux qualités essentielles, qui charment et consolent l'homme dans la vie privée et solitaire, ils sont flatteurs et caressans. On aime, lorsqu'on est isolé du monde, et de tous ses amusemens, à avoir autour de soi quelques êtres vivans qui viennent, par d'agréables manières, distraire nos ennuis et dissiper notre tristesse ; ce sont des animaux, j'en conviens, qui ne peuvent répondre à nos discours, ni ranimer notre courage, mais ils répondent à nos caresses et ne nous trahissent pas. Nous sommes sûr d'avoir auprès de nous la fidélité et l'attachement qui souvent nous abandonnent au sein même des grandeurs et des richesses. Et l'homme sensible, l'homme qui connaît le prix de l'amitié, ne compte-t-il pour rien les agréables passe-temps que le chat donne à celle qu'un devoir rigoureux oblige à une vie retirée et tranquille? Doit-il voir avec indifférence un animal qui, dans tous les instans de la journée, vient flatter, caresser, distraire une épouse isolée de toute société? Et puis ces petits animaux et leur jolie progéniture ne sont-ils pas, pour ses enfans, des singes gracieux et malins qui, par leur gentillesse et leurs petites ruses, leur créent des amusemens et des jeux aussi plaisans qu'agréables.

Oui, Madame, je n'aime pas les ennemis des chats, parce que leur indifférence pour ces animaux n'est fondée sur aucune raison, et qu'elle semble découvrir un principe d'égoïsme coupable ; ordinairement ceux qui n'aiment pas les chats raffolent des chiens, et c'est pour donner à ceux-ci tous les avantages domestiques qu'ils repoussent la race miaulique. Ils oublient que s'ils dressent des chiens pour leurs plaisirs et leur agrément, les chats sont élevés pour les plaisirs de leurs femmes et de leurs mères, et que rien n'est plus injuste, dans l'état domestique, que de vouloir tout pour soi et rien pour les autres ; que la tyrannie, dans celui qui a la force et l'autorité, est une épouvantable barbarie que rien au monde ne peut légitimer.

Quelque nombreux que soient les ennemis de la race miaulique, ils ne nous empêcheront pas de donner quelques règles d'éducation pour l'élever : nous allons prendre le chat depuis son berceau jusqu'à l'époque où la mort livre sa dépouille mortelle à la terre ou aux corbeaux. Nous corrigerons ses penchans, nous dompterons son caractère sauvage, nous lui donnerons des manières douces, polies et sociales ; et, enfin, nous tâcherons de le rendre digne de l'attachement d'un sexe qui le protége et le soutient.

TRAITÉ DE L'ÉDUCATION

DU

CHAT DOMESTIQUE.

CHAPITRE PREMIER.

Du Chat Sauvage et du Chat Domestique.

On a placé dans ce genre de carnassiers, le lion, le tigre, le léopard, la panthère, et beaucoup d'autres animaux féroces qui tous vivent dans les chaudes régions de l'Afrique et de l'Asie; il n'y a pas, dit-on, de genre plus cosmopolite que celui des chats. On en trouve sous toutes les températures, si ce n'est une espèce c'est l'autre; les grandes espèces de chats sont susceptibles, malgré leur férocité, de se plier à une sorte de domesticité : on en voit plus d'un exemple dans les lions et les tigres; du reste il faut croire que tout animal capable de sentir et de reconnaître les bienfaits, doit se soumettre nécessairement à l'influence de l'homme.

Toutes ces espèces, jadis si communes dans les deux hémisphères, deviennent de jour en jour plus rares, les voyageurs citent quelques coins de l'ancien monde où on les trouve encore en assez grand nombre.

Les lions autrefois peuplaient les vastes contrées de l'Asie, et depuis les confins de l'Asie mineure jusqu'au Gange, on ne voyait que de ces animaux, aujourd'hui ils se trouvent relégués dans quelques cantons de l'Arabie et dans les contrées entre l'Inde et la Perse.

La panthère ou le tigre d'Afrique se trouve dans l'Arabie et en Afrique. Le léopard est encore plus rare que la panthère, avec laquelle il a quelque analogie physique ; le tigre est celui de toutes les grandes espèces qui est le plus répandu, on le rencontre depuis l'équateur jusqu'au cercle polaire. Le continent américain a aussi quelques chats de la grande espèce, tels que le coujouar, le jaguar, etc. ; tous ces animaux se plaisent dans les forêts épaisses et solitaires, ils vivent isolés, chaque individu ne compte que sur lui.

Cette antipathie, dit Desmarest, pour la société, ce penchant pour la solitude, dérive encore d'une autre nécessité, ne se nourrissant que de proie vivante, il faut, au chat comme à l'homme chasseur, l'exploitation d'un plus grand domaine, un voisin assez rapproché pour entrer en partage de ce domaine devient un ennemi ; ce sentiment est si indélébile que, quand ils mangent, le lion et le tigre captifs, comme le chat domestique, rugissent ou grondent à l'approche de tout être vivant. La voix varie beaucoup d'une espèce à l'autre, le lion rugit, le jaguar aboie et la panthère jette un cri pareil au bruit d'une scie.

L'Europe ne possède plus depuis long-temps des chats de la grande espèce, on n'y trouve le plus communément que le chat sauvage et le chat domestique.

Le chat sauvage (*Catus Buf. felis linn.*) est d'un tiers plus gros que celui que nous élevons, il a depuis le bout du museau jusqu'à la queue, de vingt-deux à vingt-quatre pouces de longueur, son museau est d'un jaune clair, sa tête à quatre pouces, son corps en a de dix-huit à vingt, et sa queue de neuf à onze. Le fond de son pélage est d'un gris brun un peu jaunâtre, en dessus, des bandes noires qui tranchent peu, longitudinales sur le dos et transversales sur les flancs ; les épaules et les cuisses, la poitrine et le dessus du ventre sont d'un gris blanc ; les pattes ont une teinte jaune, à leurs côtés internes et la plante des pieds est noire, la queue est annellée. Ces caractères, dit M. Cuvier, varient selon l'âge et la contrée où vit l'animal. Les seuls qui soient constans sont le gris du pélage et la couleur noire de la plante des pieds et du bout de la queue.

Ces animaux vivent dans la partie des forêts la plus aride et la plus rocailleuse, et ils s'isolent de tous les individus de leur race ; le temps de leur chaleur les oblige de se rapprocher pour satisfaire à un besoin impérieux. Passé ce temps, ils se dispersent, ils choisissent pour leur demeure les lieux les plus inaccessibles, ils se logent à l'abri entre quelques roches ou dans quelques cavités souterraines, souvent ils se contentent d'un terrier de renard, ou de celui de lapins dont ils ont dévoré la progéniture. Ce sont de grands mangeurs de gibier, ils grimpent sur les arbres pour dévorer les oiseaux, ils se mettent à l'affut pour surprendre le lapin, le jeune lièvre, la stupide caille et le docile perdreau. Ils se blottissent dans quelques coins ou dans un buisson épais, et là ils attendent, tout en faisant semblant de dormir, l'arrivée de la première proie.

Les chats sauvages dépeupleraient nos forêts s'ils étaient aussi rapides à la course que les chiens chasseurs, ils ont contre eux de ne pouvoir bien courir et d'avoir peu d'odorat, ce qui fait que, lorsqu'ils ne voyent pas le gibier, ils ne le poursuivent plus, et lorsqu'il leur a échappé, ils ne peuvent l'atteindre ; ces animaux ne quittent jamais le canton qu'ils ont adopté, ils sont en cela comme tous ceux de leur genre. Ce sentiment dans le chat domestique est plus fort que l'éducation. Quand son maître ou sa maîtresse sort d'une maison, il aime mieux y rester que de les suivre. Les chats sauvages passent leur vie à dormir ou à chasser; le soin que prennent les chasseurs et les gardes-forestiers pour les détruire, ont rendu leur espèce rare. Cependant on en voit quelques-uns dans les forêts des environs de Paris. Les forêts de Senart et de Fontainebleau en nourrissent encore. Cet animal est à peu près répandu partout l'ancien continent. On le trouve en Asie et en Afrique; Pietra Della Valle a soutenu qu'on en trouva dans le Nouveau-Monde lors de la découverte. Il a rapporté qu'un chasseur en apporta un à Christophe Colomb, ce chat était d'une grosseur ordinaire, il avait le poil gris-brun, la queue très-longue et très-forte. Quoiqu'il n'y en eut pas de domestiques, Buffon a cru cette histoire et l'a rapportée. Desmarest soutient qu'il n'existe point de chat sauvage originaire du Nouveau-Monde, que cette méprise qu'il avait faite lui-même dans la première édition du Dictionnaire d'Histoire Naturelle, vient du mot *Wilde cat* (chat sauvage), que les anglo-américains donnent au linx, et que l'on applique à tort au vrai chat sauvage, qui est un animal particulier à notre continent. Le chat bleu ou ardoisé du Cap de Bonne-Espérance, le manul de la Sibérie, sont encore des espèces sauvages. Leurs espèces sont trop nombreuses pour nous occuper à les décrire, et d'ailleurs, il n'entre pas dans notre sujet de le faire. La chair de ces animaux est dure, coriace et de mauvais goût ; cependant les paysans de la Guinée et de la Sibérie la trouvent délicate et en font une friandise. Dans les pays du nord, en Russie, en Laponie, en Norwége, on va à la chasse des chats sauvages, spécialement pour leur peau. Le pélage de cet animal sert aux indigènes pour se faire des fourrures pour l'hiver, ils en importent aussi beaucoup en Europe.

Les chats domestiques descendent de cette race, leurs habitudes, leur goûts, leur penchant dominant pour la liberté et pour la solitude, décèlent leur origine sauvage ; quoique les naturalistes grecs ne parlent d'aucun chat éduqué, on ne doit pas inférer de leur silence que l'éducation du chat domestique est toute moderne. Les Egyptiens, qui sont le peuple le plus anciennement civilisé, nous prouvent, par de nombreux exemples, que l'état de domesticité de ces animaux est aussi ancien que celui des hommes ; quoiqu'il en soit, dans les variétés des chats domestiques, il s'en trouve qui ont une grande analogie avec l'espèce sauvage ; celui que l'on signale comme ayant les lèvres et les plantes des pieds noires, est remarquable par sa ressemblance avec ses aînés, soit par le pélage, soit

par les goûts et les habitudes, il est plus petit
et moins gros, mais son poil est d'un gris foncé,
il est marqué comme le chat sauvage par des
bandes noires, depuis la nuque jusqu'à l'extré-
mité de son corps : il est méfiant, farouche et
peu familier, il préfère les oiseaux, les souris
et tout animal vivant, à telle nourriture qu'on
puisse lui donner; il se plait beaucoup mieux
dans les maisons isolées et dans les fermes que
dans les villages. Ceux de cette variété que l'on
élève dans les villes, deviennent beaucoup plus
souples et beaucoup plus familiers que ceux des
campagnes, ils sont aussi plus gros.

. Cette race de chats domestiques va souvent à
la chasse dans les forêts, ce qui est chez lui
un vice incorrigible. Il s'accouple avec les chats
sauvages et quelquefois il finit par suivre leur
genre de vie ; elle est, dit-on, la plus rapprochée
du type originaire, et c'est celle aussi qui a reçu
les premiers effets de la domesticité, et la couleur blanche est la première que l'influence de
l'homme a développée et qui est venue se mêler
au gris de l'espèce.

Au reste, d'après ce système, toutes les races
de chats domestiques descendant de la race sauvage par l'espèce que je viens de signaler, se
distinguent par la couleur et le poil ; ce sont
ces deux qualités physiques qui forment les variétés ; ainsi, sous le rapport de la couleur, le

chat d'Espagne forme une variété, le chat chartreux et le chat angora en forment deux autres,
et de la cohabitation de ces trois races, naissent
les chats communs dont les variétés sont très-
nombreuses et peuvent le devenir encore plus.

Ici se présente une objection qui paraît fondée, on dit que les chats domestiques ne dégénèrent pas, que, transportés dans des contrées
lointaines, ils conservent dans leur intégrité,
leur forme spécifique. Si on entend par dégé-
nérer, perdre les caractères particuliers du genre
auquel un animal appartient ; je crois bien aussi
que le chat reste toujours chat dans quel pays
qu'on le transporte ; mais la dégénérence a lieu
par le changement de la couleur, par la dimi-
nution des forces organiques, par la petitesse
de la taille : or, en comparant les chats sauvages aux différentes variétés domestiques, on voit
que la dégénérence est sensible ; et certes, on ne
peut mieux faire que de prendre pour point de
comparaison, celui qui est le type de tous les
autres.

Les chats sauvages sont tous gris, les chats
domestiques sont gris, blancs, rouges, bleus,
noirs, et les différentes couleurs s'éloignent, se
divisent, ou plutôt se modifient avec le temps,
d'une manière fort variée ; le chat domestique
n'a plus ni la force, ni le courage, ni la grosseur du chat sauvage. Partout je vois dans les

chats domestiques des races dégénérées, mais embellies et polies par les soins industrieux des hommes.

Cependant d'où viennent ces couleurs diverses, ces nuances et ces teintes si variées que l'on remarque dans les chats domestiques, lorsque l'espèce sauvage n'a point varié sur ce point. Buffon croit résoudre ce problême par l'influence du climat ; voici ce qu'il dit : « Il est vraisemblable que les chats de Chorazan, en Perse, le chat d'Angora, en Syrie, et le chat chartreux, ne font qu'une même espèce ; le chat sauvage a les couleurs dures et le poil un peu rude comme la plupart des autres animaux sauvages. Devenus domestiques, le poil s'est radouci, les couleurs ont varié, et dans le climat de Chorazan et de la Syrie, le poil est devenu plus long, plus fin, plus fourni, et les couleurs se sont uniformément adoucies. Le noir, le roux sont devenus d'un brun-clair, le gris-brun est devenu gris-cendré ; en comparant un chat sauvage de nos forêts avec un chat chartreux, on verra qu'ils ne diffèrent en effet que par la dégradation nuancée des couleurs.

Ensuite, comme ces animaux ont plus ou moins de blanc sous le ventre et aux côtés, on concevra aisément que pour avoir des chats tout blancs et proprement angora, il n'a fallu que choisir dans cette race adoucie, ceux qui avaient le plus de blanc sous le ventre et aux côtés, et qu'en les unissant ensemble, on sera parvenu à leur faire produire des chats tout blancs. » Voilà, sans doute, un système fort ingénieux pour varier les couleurs du pélage. Un peintre qui mêle ses couleurs, n'en ferait pas mieux ressortir les nuances.

Mais je ne crois pas, moi, que la nature se prête si facilement à tant de modifications, je vois dans chaque espèce d'animal, les couleurs comme les formes toujours à peu près les mêmes. Il peut se faire cependant que les différentes couleurs des robes du chat domestique viennent en partie des soins que l'homme a pris pour les varier, mais je dirai toujours qu'il sera permis de douter que toutes les races de chats domestiques aient une origine commune, car il serait particulier que cet animal soit encore méfiant et rusé, qu'il ait encore des goûts pour la solitude, qu'il tienne au lieu qu'il a adopté, qu'il n'ait enfin presque rien perdu de ses penchans sauvages, et qu'après cela il n'y ait que sa couleur qui fut changée.

Pour en revenir à la division de notre animal, il faut savoir : 1°. que le chat d'Espagne, qui forme une variété, a ordinairement le pélage roux ou composé d'un mélange de blanc, ou de roux, ou de noir, et que ses lèvres et la plante de ses pieds sont couleur de chair, qu'il n'est jamais marqué que de deux couleurs, et qu'il est gros, fort, et un peu grand ; 2°. que le chartreux est d'un gris d'ardoise, un peu bleuâtre, qu'il a le poil très-fin, très-uniforme, et a les lèvres et la plante des pieds noires; l'angora se fait remarquer par ses poils longs et soyeux, il est ordinairement blanc, cependant sa couleur peut varier du bleu au gris d'ardoise, ou du blanc au roux ; les chats communs qui naissent de ces trois principales races, sont de couleur et.de nuances variées ; on en voit de tout noirs, de tout blancs, des roux, des gris, des gris et blancs, des gris noirs et blancs, des roux blanc , enfin l'angora, le chartreux et le chat d'Espagne doivent être élevés plutôt pour le luxe et l'agrément que pour la chasse des souris ; les chats communs sont presque tous bons pour les souris, mais il y en a de meilleurs les uns que les autres, les gris doivent être préférés pour les fermes, les hameaux et pour tous les endroits où il y a beaucoup de rats. Ils sont très-bons chasseurs et sont forts et robustes, mais les gris-blancs, les noirs et blancs de petite taille sont aussi excellens, et les uns et les autres lorsqu'ils sont élevés comme il convient, sont de bons destructeurs des rats.

CHAPITRE II.

Des Amours des Chats.

La force invisible ou plutôt le charme provocateur que la nature emploie pour pousser les êtres
vivans à se reproduire est unique et immuable,
mais la puissance de ce charme agit d'une manière relative aux espèces et aux individus, c'est
ce qui fait que chaque être opère dans l'acte de
l'amour d'une manière arbitraire et absolue, je
veux dire, que si le besoin est une loi générale
pour toutes les créatures, les moyens de le satisfaire ne le sont pas.

Personne, que je ne sache, n'a eu l'heureuse
patience de réunir dans un corps d'ouvrage les
différentes agaceries, les provocations ingénieuses
que se font les animaux à l'époque de leur accouplement, et cet ouvrage serait, ce me semble, intéressant et utile, il serait utile surtout,
car il épargnerait de grosses bévues à ceux qui
parlent ou qui écrivent sans avoir vu. La preuve
de ce que je dis est dans l'histoire naturelle des
abeilles. Depuis trois mille ans, on a fait des ro-

mans plus ou moins absurdes, sur la manière dont ces animaux se perpétuaient ; un aveugle est venu après cette série de siècles jeter quelque lumière sur cet objet, et a prouvé que la fécondation de la reine abeille avait lieu dans les airs, et par le concours du mâle, mais il n'a pû nous dire comment l'acte s'opérait, et le plus intéressant reste encore à savoir.

Nous sommes un peu mieux instruits sur les voluptueuses ardeurs des chats, et sur le mode de les satisfaire, et j'ose dire que ce n'est pas le point le moins curieux, et le moins plaisant de leur histoire. Si la nature ne leur a pas donné l'indécente effronterie des chiens, si elle a décidé que les voiles de la nuit cacheraient aux regards curieux leurs évolutions amoureuses, elle leur a complètement refusé le pudique avantage d'être discret et silencieux. Un vacarme épouvantable annonce le moment de la rencontre. Un duo de plusieurs heures est le prélude de l'union, des cris pareils à ceux de chats qu'on écorche, en est le bouquet. Le plus souvent les chattes ne rentrent en mue que deux fois par an, au printemps et en automne, quelquefois le désir ou le besoin de s'accoupler leur vient une troisième et même une quatrième fois. On prétend que dans l'Inde les chats sont en chaleur toute l'année, n'importe, dès que l'époque de la mue est arrivée, la femelle qui en est tourmentée , devient plus sauvage et moins familière , ses poils tombent , elle est soucieuse et distraite , elle tourne et rôde autour de l'appartement , elle cherche à sortir , miaule de temps en temps pour faire entendre qu'elle a des besoins à satisfaire.

Mais ses miaulemens sont doux et cadencés , ils n'ont aucun rapport avec ces cris allongés , aigres et retentissans qu'elle fait entendre lorsqu'au milieu de la nuit , placée dans quelque jardin , ou dans quelque basse-cour , elle appelle le mâle auprès d'elle ; enfin , soit la nécessité de flatter ses maîtres , qui chez elle est devenue une habitude, ou plutôt un sentiment de reconnaissance , soit que le désir qui la tourmente ne soit pas encore dans toute son intensité , elle redouble alors de caresses ; mais ses manières ne sont plus gentilles ni vives , elles ont un caractère de langueur et de tristesse tout à fait étrange.

On dirait que l'animal n'agit que par force ou par dissimulation , et tout cela s'explique par ces mots : rendez-moi la liberté; alors, sans doute, il faut le rendre libre , d'abord pour sa santé , ensuite , parce qu'il n'y a rien de plus cruel d'obliger les animaux que l'on élève à souffrir des privations aussi fortes que celles de leurs besoins naturels. Ainsi, le premier conseil que je donnerai à ceux qui ont des chats, c'est de leur laisser la liberté dans le temps de leur chaleur; s'ils sont bien nourris dans la maison de leur maître; si on ne les maltraite pas, quelque longue que soit leur absence, quelque éloignés qu'ils puissent être, ils reviendront; ces animaux aiment naturellement le lieu de leur naissance, ils sont reconnaissans, et lorsque le brûlant désir qui les entraîne hors de leur demeure est satisfait, ils se hâtent d'y reparaître. Les chats vont souvent chercher la femelle dans les campagnes, au milieu des forêts; ils s'éloignent de plusieurs lieues de leur demeure, et ne s'égarent jamais que lorsqu'ils le veulent.

Mais comme ces animaux sont assez communs dans les maisons, ils trouvent ordinairement le moyen de s'accoupler dans leur voisinage; dans le courant de l'année, la voisine va chez son voisin, le voisin va chez sa voisine; l'habitude de se voir et de se fréquenter rend facile, à la saison des plaisirs, le moment de la rencontre, et du reste, les chats n'ont pas besoin d'agir avec cérémonie, dans ce qui tient à un besoin impérieux et souverain; du moment qu'ils se sentent pris par la mue, ils se cherchent, et s'ils ne se trouvent pas, ils s'appellent, et c'est ce qu'ils font de manière à éveiller un régiment de moines.

Lors donc qu'un mâle et une femelle sont parvenus par ce moyen à se rapprocher, leur abord

est vraiment risible , la timidité et la crainte les
enchaînent , ils demeurent à une certaine distance
l'un de l'autre , et assis sur leur quatre pattes,
ils semblent pousser de longs gémissemens et se
plaindre de leur ardeur ; leur musique souvent
varie par le ton et la voix, elle est toujours
discordante et désagréable , et c'est peut - être
ce qu'on aime le moins à entendre lorsqu'on
est dans son lit ; enfin , après ce concert qui dure
souvent plusieurs heures , ils s'approchent tout
doucement en rampant contre terre comme lorsqu'ils vont surprendre une souris. Mais voilà que
tout prêts à se joindre, le mâle tourne les talons
et se met à fuir, la femelle le poursuit ; ils
ne font dans cette petite échappée que des tours
et des détours , surtout s'ils se trouvent auprès de
quelque maison isolée ou dans un jardin, ce qui
me fait présumer que cette espèce de fuite est
un accessoire du bonheur, un moyen secon-
daire de la nature. Leurs courses ne sont ni rapides ni longues , c'est une espèce de colin-mail-
lard , ils s'arrêtent de temps en temps en gardant
toujours une certaine distance ; enfin, ce badinage doit avoir un terme ; toujours plus ardente
et plus empressée , la chatte précipite sa course ,
se lance sur le mâle, le mord et l'égratigne ; ce
stimulant irrite le pudique époux ; alors il sent
qu'il faut agir ou compromettre sa réputation , sa
fureur devient égale à celle de la femelle , ils

s'accrochent tous les deux, et en se tenant serrés l'un contre l'autre entre leur quatre pattes, ils satisfont la nature en se roulant à terre et faisant des cris épouvantables.

La chatte une fois fécondée ne cherche plus le mâle, elle retourne chez sa patrone, la queue entre les jambes et comme si rien n'était, quant au mâle, son ardeur n'est point éteinte par un moment de plaisir, il cherche d'autres aventures et voilà pourquoi il est parfois si long-temps absent. L'accouplement ne se fait pas toujours le même jour, quoique la rencontre se fasse, il paraît que le moment est pénible et douloureux, et que ces animaux le pressentent. C'est la raison qui leur fait chercher à dompter leurs besoins plutôt que de les satisfaire.

SECONDE LETTRE

A Madame la Supérieure du Couvent des
Visitandines,

SUR

L'ÉDUCATION DES CHATS.

————

Premier Mai 1828.

MADAME,

Vous m'avez envoyé une chatte angora fécondée,
afin que je puisse en élever les petits comme il me
conviendra, je vous remercie de votre complaisance, je garderai la minette puisqu'elle vient de
vous, et qu'elle est douce et jolie; mais elle ne
me servira à rien pour accomplir la promesse que
je vous ai faite. Je ne veux point faire des élèves,
ni me donner dans le public pour un éducateur

de chats : j'entends seulement établir quelques règles d'éducation pour ces animaux, et c'est ce que je vais entreprendre. Je me suis aperçu, effectivement, lorsque j'ai reçu la petite minette, qu'elle avait déjà souffert les approches du mâle, à son air langoureux et pudique, à ses caresses empressées, à ses manières gracieuses, à ses miaulemens doux et agréables, à son grand appétit, à son rourou qui décèle son contentement et manifeste son bonheur. Le premier soin que j'ai eu pour elle, c'est de lui faire un gîte dans un coin de ma chambre, avec une corbeille ronde, dans le fond de laquelle j'ai mis un coussin de plume grossière, et je l'ai obligée de s'y coucher ; elle a fait d'abord la difficile, ce qui vient de ce qu'elle a été un peu gâtée, comme le sont les chats de tous les couvens.

Le chat est naturellement têtu, il se corrige difficilement de ses mauvaises habitudes, et l'important est de ne lui en pas faire contracter. Heureusement que la minette est d'un caractère docile et obéissant. Après lui avoir représenté avec douceur qu'il ne convenait pas de se coucher, ni sur les chaises, ni sur les personnes, elle s'est décidée d'aller s'abattre sur son lit, et, maintenant, lorsqu'elle veut dormir ou se reposer, elle n'adopte pas d'autre endroit.

Sa portée, comme vous savez, sera d'environ deux mois, pendant ce temps, si elle n'est point malade, elle mangera et dormira béaucoup, elle sera fort tranquille et fort douce, elle ne cherchera point à fureter dans le voisinage, seulement un peu avant le soleil couché, elle ira faire un tour dans le jardin, pour se donner un moment de dissipation, et respirer l'air pur et léger du soir. J'aurai soin de régler sa nourriture et le nombre de ses repas, qui sera de deux par jour, un le matin et l'autre dans l'après-midi, si, dans le courant de la journée, ou dans ses rondes nocturnes, elle fait quelque prise, je n'en tiendrai aucun compte ; elle aura toujours, la même nourriture et les mêmes repas, de cette manière je l'amènerai au terme de ses couches qui se feront sur le même lit que je lui ai préparé. Je dois vous apprendre que les chattes ne portent pas toujours la première année ; mais l'état de celle que vous m'avez envoyée n'est point équivoque.

La minette, aussi avantagée par la nature que toutes les femelles des animaux sauvages, n'aura besoin d'aucun secours pour se délivrer de ses petits, et, dans moins de deux heures, elle mettra au monde cinq à six jolies créatures qui naîtront aveugles et sourdes, mais qui auront le sens du goût assez développé pour presser les mamelles de leur mère, et pour savourer la liqueur nourrissante dont elles sont remplies.

Je ne ne sais pas, Madame, si les naturalistes ne me reprocheront pas d'avoir avancé une hypothèse, lorsque je vous dis que le sens du goût est développé dans les chats nouveaux nés ; il pourrait se faire que ces animaux ne se collassent au sein de leur mère que par une attraction naturelle , ou par l'instinct du besoin ; car tout animal qui souffre quelque privation cherche à se satisfaire sans être entraîné , ni par la raison qui juge et apprécie , ni par aucune combinaison d'idées , dont l'effet est d'applanir les obstacles. Mais pourquoi chercherait-il , s'il n'y avait pas quelque affinité entre le besoin qui le presse et l'objet extérieur qui peut le satisfaire ? Comment trouverait-il cet objet si l'instinct n'était lui-même un sens appréciateur ? Cependant, quelque soit le génie conservateur qui dirige les premiers mouvemens de l'animal qui vient de naître , il est sublime dans ses conséquences et dans ses résultats , et mérite toute notre admiration.

Alors que la minette m'aura donné six petits miauleurs , que faut-il que je fasse ? Faut-il les élever tous , ou en sacrifier une partie ? Je suis, Madame , partisan de la nature , je veux dire que je ne suis jamais disposé à blâmer ses œuvres , même celles qui me paraissent les plus bizarres, attendu que la cause de leur perfection et de leur utilité peut être cachée pour moi... Ainsi , si la chatte a fait six petits , c'est qu'elle a assez de force pour les nourrir. Je ne me ferais pas scrupule de les lui laisser élever , si cela pouvait être utile à quelque chose ; mais, lorsque nous élevons des animaux, comme les chiens et les chats, nous n'avons en vue que l'utilité ou l'agrément, remplir ce but doit être notre unique affaire. Car, quoique nous ne soyons pas sans avoir quelques sentimens philosophiques, et que la vue du sang ou le meurtre d'une créature n'aient rien d'agréable pour nous, nous ne pensons pas outrager la nature en détruisant une partie de son ouvrage pour conserver et faire prospérer l'autre. Or, indépendamment qu'un troupeau de jeunes chats n'est pas toujours une chose agréable et utile, il est évident que ces petits animaux, qui sont toujours après les mamelles de leur mère, ne se nourrissent pas si bien que s'ils n'étaient que deux ; d'un autre côté, leurs besoins continuels les forcent à tout instant de presser et de tarir le sein de cette tendre nourrice. L'élaboration de la matière laiteuse ne s'effectue pas aussi bien, les organes sécréteurs s'épuisent, les jeunes nourrissons en souffrent, et ils arrivent beaucoup plus lentement à leur croissance naturelle ; toutes ces raisons doivent nous faire une loi de ne jamais conserver à une chatte que deux petits nourrissons, ou trois au plus. Pour moi, lorsque minette mettra bas, j'en conserverai deux, un pour vous et l'autre pour le grand Lama, qui depuis long-temps demande un chat qui ait fait son éducation en France. Toutefois je ferai un choix parmi les six, je prendrai ceux qui me paraîtront les plus vigoureux et les plus jolis , et je laisserai à la mère le soin de les élever.

Lorsqu'on enlève à celle-ci une partie de sa progéniture, elle manifeste d'abord son mécontentement par un miaulement un peu fort, et suit le ravisseur avec un air colère; mais bientôt la vue de ceux qu'on lui laisse la radoucit, et demi-heure après elle n'y pense plus. Toute entière occupée de ses deux nourrissons, elle les lèche, elle les renferme tendrement dans la circonférence de son corps, qu'elle arrondit en se couchant. Elle les arrange et les place de manière qu'ils puissent prendre plus aisément ses mamelles. Pendant l'intervalle de temps, qui est ordinairement de quatre à cinq semaines, que les jeunes chats restent à têter, on n'a aucun soin à prendre pour leur éducation physique, leur mère pourvoit à tout avec une étonnante assiduité et une tendresse peu commune ; mais il faut éviter que les chats et les chiens viennent la visiter : les premiers dévorent leurs petits, et les seconds mettent la chatte dans une telle fureur qu'elle en est quelques fois malade. Cette tendre mère ne peut souvent défendre ses petits enfans de la voracité de leur père ; mais dès qu'elle s'aperçoit de son dessein meurtrier, elle les y transporte. Voici, d'après un observateur judicieux, la manière dont elle exécute ce transport. (1) « D'abord elle les lèche dessous le cou

____

(1) Dictionnaire d'Histoire Naturelle.

comme pour être préparés à être saisis par la même partie, elle les serre ensuite avec sa gueule, de manière à ne pas les laisser échapper, mais pas assez fortement pour les faire crier. Ainsi chargée d'un fardeau qui lui est cher, elle marche la tête levée pour que le petit ne frappe point contre terre, et ce petit ne fait aucun mouvement, laisse pendre son corps et ses pattes comme s'il était mort. La chatte, en les déposant, les lèche de nouveau. »

Ainsi, en prenant la précaution que nul individu ne vienne troubler le tendre travail de sa maternité, la chatte élèvera ses petits sous vos yeux, et où vous l'aurez placée. Elle les gardera et les nourrira tranquillement dans le berceau, jusques au moment qu'ils ouvriront les yeux, ce qui arrive le neuvième jour après leur naissance. Leurs oreilles, qui ne sont point apparentes en naissant, se développent quelques jours après, prennent un accroissement rapide et se redressent, alors la mère nourrice les oblige de sortir de leur berceau, pour les exercer à marcher, pour développer leurs forces et dégourdir leurs jambes. Elle leur trace elle-même la route qu'ils doivent suivre ; elle les suit en miaulant et en les caressant. Pendant cette promenade, sa prudence veille à leur conservation, elle regarde de tout côté si quelqu'ennemi ne vient pas la surprendre. Si l'un de ses petits s'égare, elle l'appelle ; s'il n'arrive pas assez vite, elle va le chercher; si elle voit qu'il est fatigué, elle le porte dans sa corbeille. Au fur et mesure que les petits chats prennent de la croissance, les sorties sont plus fréquentes et plu^s longues, les amusemens plus variés; elle s'abat à terre, afin que ses petits montent sur elle, l'un lui mord l'oreille, l'autre lui prend la jambe, quelque fois elle se débarrasse d'eux, et se met à courir, dans la seule intention d'être poursuivie. Toutes ces manœuvres maternelles ne tardent pas à donner aux jeunes chats la souplesse, l'agilité et la force nécessaire pour agir et pour se gouverner sans aucun secours étranger. Lorsqu'elle les voit assez forts pour manger de petits animaux, elle les quitte pour aller à la chasse, rarement elle revient sans apporter ou quelque souris, ou quelqu'autre animal; qu'elle leur donne à manger.

Si on ne sépare pas la mère de ses petits, elle conserve long-temps pour eux la même tendresse; mais afin d'être plus libre pour élever un jeune chat, et crainte de mauvais exemple de la part de la mère, sur ce qui touche la domesticité, lorsqu'un chat a cessé de teter, qu'il est alerte, bien portant, on le sépare de sa nourrice; c'est ainsi, Madame, que je ferai à ceux de minette, après leur adolescence.

Les jeunes chats sont jolis, légers, adroits et malicieux, ils ont des manières tout-à-fait plaisantes; ils sont musards et badins, ils ne se

fatiguent pas de faire des espiègleries , et quelquefois les tours comiques de ces animaux dérident
le front de l'homme le plus sombre et le plus taci-
turne ; mais , dans sa jeunesse , le chat sent se
développer en lui tous les vices dont la nature
l'a doté : il est curieux , il flaire partout, il
entre dans les armoires , dans les paniers et dans
les endroits les plus cachés ; il grimpe sur tous les
meubles , sur les chaises , sur les jupons , sur les
lits , et partout où il s'imagine. Il est soupçonneux
et craintif, il ne se met à manger qu'après avoir
consulté son nez , et il ne mange que lorsque la
chose lui plaît ; il a un goût décidé pour la viande
crue , lorsqu'il en sent , il ne manque pas d'accourir ; mais comme ses dents sont encore faibles ,
il ne fait que ronger tout en grognant , il est méfiant et ombrageux , la moindre chose l'étonne ou
l'épouvante , et lorsqu'il ne reste pas immobile et
comme stupéfait sur les objets qui le frappent ,
il fuit et se cache , mais il reparaît bientôt , lorsque ses esprits sont rassurés , pour se remettre au
jeu , ce que ne fait pas un chat adulte , car du
moment que celui-ci est épouvanté , il faut l'ap-
peler long-temps avant qu'il vienne. Comme il ne
sait pas encore l'usage qu'il doit faire de ses
griffes , à l'égard des personnes qui l'élèvent , il
égratigne tant qu'il peut , et il s'en sert pour

prendre tout ce qui le flatte ; il convoite aussi beaucoup les oiseaux qu'il voit en cage, il s'approche tout doucement de leur vitrage de fer, et après les avoir long-temps considéré d'un œil curieux et avec un air d'envie, il cherche autour de la cage s'il ne trouve pas quelque trou ; lorsqu'il ne voit pas moyen d'entrer ; il cherche à passer ses pattes à travers les barreaux pour chercher à prendre l'oiseau. Un rien amuse cet animal et excite sa voracité, une mouche, un morceau de papier le fait courir ou le met aux aguets. Il est ordinairement propre et il se cache pour faire ses besoins : cependant lorsqu'il ne trouve pas un endroit commode, tel qu'un foyer de cendre, il pisse dans les appartemens et y fait ses ordures ; il est moins rusé et moins dissimulé que le chat adulte ; mais il est aussi moins caressant et moins flatteur, sa familiarité n'est que de l'enfantillage, et son badinage n'a rien de tendre et d'attachant. C'est dans cet état qu'il faut le prendre pour le soumettre à quelques règles de domesticité, afin de le rendre utile, et aimable. Vous n'ignorez pas que les chats, à dix mois, ont pris toute leur croissance.

L'éducation, chez les animaux comme chez les hommes, marche rapidement à son but, lorsqu'on a soin de prendre le jeune élève par les in-

clinations ou les penchans que lui a donné la nature ; en flattant ou en feignant de contenter ses
goûts, on corrige insensiblement ses vices, et lorsque
ses goûts ont quelque chose de dépravé et de pervers, on les corrige encore par d'utiles leçons faites à
propos ; car il n'y a rien de plus mal adroit de
reprendre les animaux qu'on élève , long-temps
après qu'ils ont commis la faute ; l'intelligence des
êtres non raisonnables est très-obtuse, leur con-
ception est très-bornée , un moment après l'action
ils n'y pensent plus , et si on les corrige , ils n'en
savent pas le motif. Le chat surtout se distingue
par une intelligence bornée , par un manque de
tac qui le rend souvent ingrat et indifférent en-
vers ses bienfaiteurs. C'est aussi ce défaut d'intel-
lect qui lui donne un caractère méfiant, dur, opiniâtre et insensible. Le chat qu'on frappe ou qu'on
maltraite oublie pourquoi on l'a frappé , mais ils
se ressent du mauvais traitement , il fuit et ne revient plus : lorsqu'il est trop battu et que personne ne veut le recevoir , il se cache dans un coin
et il préfère mourir de faim que de retourner au
logis.

De toutes ces vérités , je tire la conséquence
raisonnable , que toutes les fois que l'on veut élé-
ver un jeune chat, il ne faut ni le maltraiter ni le
brusquer , ni l'épouvanter , ni le tarabuster. On
doit prévenir ses fautes, afin de les éviter.

Un chat est propre , mais la nécessité peut le

rendre sale, il faut lui réserver un coin dans la cheminée pour l'empêcher de faire dans les appartemens. Si malgré cette attention, il en contracte la mauvaise habitude, on saisit l'instant de ses besoins, et on le transporte dans le coin qu'on lui a désigné, on réitère quelquefois la même action, et le jeune élève ne tarde pas à comprendre vos intentions, d'ailleurs, le lieu que vous lui donnez est favorable à ses desseins, il trouve tout ce qui est nécessaire pour satisfaire sa propreté et sa délicatesse naturelle, et soit obéissance, soit satisfaction, il se plie à votre volonté pour toujours, car, si un chat est dur à comprendre, il apprend bien ce qu'il apprend, et les qualités qu'il acquiert par l'éducation sont aussi tenaces que ses penchans naturels. Le chat, après son sevrage, a pour ainsi-dire achevé son éducation physique, il sait marcher, courir, grimper, ses forces se développent sans obstacle, et ses organes croissent et mûrissent sans peine comme sans secours; il faut donc commencer son éducation sociale, car, lorsqu'on sait agir et se mouvoir, il faut apprendre à se gouverner et à bien vivre.

Le chat, comme vous le savez, Madame, a besoin plus qu'aucun animal de leçons et de bons exemples; il naît vorace, carnassier, et par conséquent toujours disposé à dévorer ce qu'il trouve convenable à ses appétits. On doit donc lui apprendre à être sobre et discret; si vous laissez aller un chat à ce penchant dévorateur, il vous tourmentera toute la journée pour lui donner à manger, et quand vous l'aurez contenté vingt fois dans un jour, il vous volera encore ; sa ruse vous surprendra dans toutes vos imprudences ou dans toutes vos manques d'attention ; oublierez-vous de fermer une cage, il attrappera votre oiseau, mettrez-vous un poisson sur une table, il l'emportera , laisserez-vous un gigot pendu , il le rongera ou le mordra s'il ne peut l'emporter ; vous croirez en le châtiant ou en l'épouvantant le corriger, au contraire, vous le rendrez plus farouche , mais non plus réservé, et c'est lorsque vous ne pourrez plus l'approcher qu'il faudra que vous ayez toujours les yeux sur lui ; car alors , le besoin de vivre le rendant plus rapineur et plus rusé , il saisira toutes les occasions pour vous surprendre. Un jeune chat n'a pas encore ce défaut de voracité développé en lui, lorsqu'il a besoin il miaule en vous suivant; on doit lui donner à manger à certaines heures réglées pour l'accoutumer de bonne heure à être sobre, à ne pas toujours manger, et à faire comme les personnes qui le soignent. Ordinairement c'est le matin que cet animal demande à manger; alors faites-lui une pâtée économique avec un peu de viande et de mie de pain , faites-le attendre un moment , souffrez qu'il vous demande plusieurs fois , ne lui donnez que lorsqu'il a faim , mais donnez-lui alors son nécessaire , il mangera rapidement et avec appétit ce que vous lui aurez abandonné ; si, dans les intervalles de la journée, il vous demande, feignez de ne pas l'entendre, ou faites-lui comprendre que l'heure n'est point encore arrivée, mais soyez exact quand elle arrivera, vous verrez votre chat bientôt accoutumé à ses deux repas, ne vous demander jamais rien de la journée ; mais ce n'est pas assez que d'avoir réglé ses repas, il faut encore prévenir les petits larcins qu'il pourrait vous faire, pour contenter son penchant naturel, plutôt que pour satisfaire à ses besoins, laissez donc exposé à sa curiosité la viande crue, le poisson et tout ce qui peut tenter ses désirs ; il ne manquera pas d'y accourir, de flairer et quelquefois de mordre, quand vous le verrez en action, séparez-le de l'objet de sa convoitise en le grondant sans le battre, ni le maltraiter ; peu à peu vous lui inspirerez une crainte salutaire, qui se changera en obéissance. Avec une pareille manière d'opérer, il ne faudra pas long-temps pour le rendre sobre et fidèle, et lorsqu'il aura contracté ces deux qualités, il sera aux trois quarts élevé. Mais voulez-vous rendre un chat obéissant, voulez-vous qu'il vienne à vous lorsque votre voix l'appelle, soyez doux et complaisant à son égard, souffrez qu'il dorme quelquefois sur vous, répondez à ses caresses, flattez-le, mais n'abusez jamais de son attachement ; si vous l'avez toujours dans vos bras, si vous le caressez trop souvent, il se fatiguera et ne viendra plus à vous. De tout ce que les chats aiment le moins c'est d'être trop souvent tenus. Ainsi, en ne le fatigant pas trop, en le souffrant auprès de vous lorsqu'il y vient naturellement, vous le rendrez d'une obéissance extrême, et votre appel sera pour lui un commandement auquel il ne manquera jamais. C'est bien plus, bientôt il étudiera votre son de voix, il saura si vous êtes en colère, ou si vous êtes de bonne humeur, et selon qu'il vous verra mal ou bien disposée, il agira pour ne pas vous déplaire. Un chat est ordinairement aimable, caressant et flatteur, ses qualités le font aimer des dames, et il faut le dire, c'est aussi en raison de ses qualités que la plupart des hommes s'y attachent ; on ne peut voir avec indifférence un si petit animal sauter sur vous, vous combler de caresses, vous flatter de sa queue, trépigner de plaisir d'être considéré, et tourner autour de votre dos avec une orgueilleuse fierté, comme s'il voulait faire comprendre que son souverain bonheur est d'être aimé. Il ne faut pas neutraliser les éminens avantages de cet animal, que l'on a voulu faire passer pour de la dissimulation et de la ruse, et c'est ce que l'on ferait si on le repoussait, ou si on lui inspirait la crainte par des mauvais traitemens ; j'ai déjà dit, que les mauvaises habitudes que prennent les chats sont difficiles à corriger, il ne faut point permettre à votre jeune élève de courir dans le voisinage, ni d'aller mendier chez les étrangers, il perdrait, par ces échappées continuelles, le fruit de vos leçons, il deviendra indocile, gourmand et voleur ; un chat ne peut quitter le foyer domestique que pour deux raisons, pour s'accoupler ou pour chercher à manger ; dans le premier cas, on le laisse libre, à moins que dans la maison même il ne trouve le moyen de se satisfaire, et encore si c'est une femelle, il convient mieux de lui choisir son mâle, afin d'avoir de belles races ; dans le second cas, il sort parce qu'il souffre la faim, et vous sentez bien qu'un chat qui va chercher le reste des étrangers et se livrer à la commisération publique, n'est plus susceptible d'éducation ; ce commerce crapuleux lui rend familiers les défauts du vagabondage et de la mendicité, et s'il mène long-temps ce genre de vie, il n'y a plus d'espoir de l'assouplir et de le rendre honnête ; on doit le mettre au rang de la canaille de son espèce et l'abandonner ; mais souvent un chat sort de la maison sans autre motif que celui de courir et de se distraire.

Naturellement né avec des mœurs sauvages, on conçoit aisément que la liberté naturelle soit encore le plus fort aiguillon qui le tourmente, et les fréquentes sorties qu'il peut faire sont moins l'effet de la désobéissance, que de la force irrésistible du penchant qui l'entraîne ; il faut donc non seulement lui donner son nécessaire, mais encore l'accoutumer à rester chez lui, en vous opposant à ses sorties, et afin de lui en faire perdre l'habitude, on lui laisse parcourir librement tous les appartemens de la maison, ainsi que les jardins et les basses-cours. Un chat coureur se maigrit, se rend sale, et se remplit de puces, il faut être toujours après lui pour le nettoyer ou le dépouiller, il perd aussi ses qualités familières, et il ne peut servir que pour les greniers et les basses-cours ; du reste, à quoi sert-il d'avoir dans sa maison un chat pour les autres, un chat que l'on ne voit que comme un larron et un pillard : on ne garde cet animal que pour nous tenir compagnie, pour nous distraire, pour nous flatter, il faut de bonne heure l'accoutumer à la retraite ; la vie monastique convient parfaitement à cette espèce d'animal. Dans l'état sauvage vous les avez vu ne chercher qu'à manger ou à dormir, aisément, dans l'état social, il doit se faire à une pareille habitude, et les belles races sont encore plus casanières que les autres. Lorsqu'un jeune chat a contracté le goût de la solitude, la paresse et l'indolence deviennent ses principaux défauts, mais ce sont des défauts qu'il faut lui savoir conserver pour le gouverner comme on le veut ; les chats sont comme les hommes que l'amour du travail et de l'industrie ne domine pas, ils sacrifient leur indépendance pour une vie oisive et paresseuse ; le despotisme et les chaînes, qui sont des calamités et des souffrances pour les êtres qui ont une grande mobilité dans les ressorts de l'intelligence , sont pour eux un bienfait de la politique de ceux qui les gouvernent. Les peuples esclaves de l'Asie ne voudraient pas plus que votre gros matou briser les chaînes qui les attachent à la servilité et à la paresse ; cette horreur du travail qui est inné dans toutes les créatures, semble encore plus forte dans les êtres qui ont l'esprit borné et obtus. Car dans ce qui tient à l'éducation des animaux domestiques, nous voyons que plus l'animal que l'on élève a de l'intelligence , plus il est actif et vigilant ; tels sont le chien et le cheval , et moins il en a , plus il est inhabile et lâche : si on ne forçait pas l'âne à travailler , il ne ferait jamais rien , mais que l'on ne s'y trompe pas , le despotisme et la nature s'accordent parfaitement pour satisfaire le goût dominant des êtres animés. La liberté, dans l'état de nature , n'empêche pas l'esclavage de l'âme et du corps, au contraire, elle le favorise , car étant libre de faire ce qu'ils veulent, les êtres animés font ce qui leur plait le mieux ; or , comme la stabilité et le repos font leurs délices , ils restent par goût et par penchant dans l'ignorance et la paresse ; ainsi, Madame , l'espèce de despotisme que vous exercerez sur votre jeune élève, tout en favorisant le dessein que vous vous proposez , satisfera ses inclinations , vous le rendrez paresseux en le rendant

stable et lorsqu'il aura du dégoût pour les courses
nocturnes, et pour la petite rapine, il se sou-
mettra à toutes vos volontés pour ne pas perdre
son suprême bonheur, qui est l'indolence et le repos. Cependant il n'est pas dans l'intérêt du
maître que son élève ne soit qu'à dormir ou à
manger ; c'est ce que ferait un chat dans une
maison où il serait soigné, et où il aurait ses
aises, il faut le soumettre à quelques petits exer-
cices amusans, comme de le faire courir après
un hanneton ou après un morceau de papier, à lui
faire faire le mort, à donner la patte, à sauter,
à se tenir droit, à garder ses ongles dans ses doigts,
à caresser sans mordre et sans égratigner ; on ne
peut parvenir à lui faire faire toutes ses manœuvres sans un peu de peine et d'assiduité, mais on
y parvient en réitérant souvent, tous les jours, le
même genre d'exercice ; on conçoit que je ne veux
parler que des tours d'adresse, tels que ceux de
donner la patte, de sauter à travers vos bras croi-
sés, car pour ce qui est de courir après un papier, un hanneton ou une mouche, il fait tout ça
naturellement sans qu'on le lui commande. Le chat
a de la propreté, avons-nous dit, il se lèche, il
cherche ses puces ; la moindre goutte d'eau qui
tombe sur lui, il s'essuie et quelquefois il demeure des journées entières à se reblanchir, ce
n'est pas une raison pour ne pas le peigner quel-

quefois et le dépouiller de ses puces , petite opération à laquelle il se prête avec une complaisance
vraiment étonnante ; cet animal, qui ne se laisse
pas manier facilement, semble apprécier le service que l'on veut lui rendre en le débarrassant
d'un insecte importun ; il feint le mort et s'abandonne nonchalamment à la main qui le soulage , il
fait le rourou , il allonge ses pattes pour manifester
son contentement; mais il n'en est pas ainsi lorsqu'on
veut le laver , il souffre difficilement l'eau, et du
moment qu'il la sent , soit qu'elle soit chaude ou
qu'elle soit froide, il cherche à vous échapper, et s'il
y parvient, vous ne le reverrez pas d'un bon moment.

Souvent les caresses du chat vont jusqu'à l'im-
portunité , êtes-vous sur une chaise, il monte sur
vous ; vous mettez-vous dans votre lit , il y court ;
dinez-vous, il saute sur la table; on ne laisse
aller cette familiarité qu'au degré que l'on veut,
le maître n'a qu'à faire un signe improbateur, ou
élever un peu la voix , et le chat part et vous
abandonne. J'étais , en 1807 , dans une ville de
Prusse , logé chez une dame du grand ton , qui
raffollait des chats; elle avait un matou dont
l'éducation avait été très-soignée. Cet animal était
obéissant et fidèle , et sa docilité le faisait remarquer de tout le monde ; il suivait sa maîtresse
comme un chien suit son maître , et il avait tellement étudié sa voix que, de fort loin, il jugeait

si elle était en colère ou si elle était de bonne humeur; pour le faire obéir elle n'avait qu'à prononcer le mon qu'elle lui avait donné.

Carlino, c'était le nom de l'animal, ne pouvait rien faire de mal sans être subitement repris, et le seul châtiment qu'il craignait le plus, c'était celui d'entendre prononcer son nom avec colère.

Quelqu'un, jaloux du bonheur de la dame, s'empara de Carlino, et le tint sans doute étroitement enfermé. Quatre mois se passèrent sans voir reparaître l'animal, et la bonne maîtresse était inconsolable. Un jour, en allant se promener, elle entend la voix d'un chat qui paraît être celle de Carlino, elle lève la tête et voit en effet l'animal chéri sur le bord d'une fenêtre, qui appelait sa maîtresse en miaulant, et qui faisait tous ses efforts pour se faire reconnaître d'elle. Vous pensez bien qu'on ne fit pas des difficultés pour rendre le matou, et que la dame se trouva assez satisfaite de l'avoir retrouvé. De pareils chats, me direz-vous, ne sont pas communs, je le sais; mais il faut convenir que les chats qui savent apprécier le son de voix de leurs maîtres, qui savent les reconnaître après une longue absence, ne sont pas rares. C'est la manière dont on les a élevés qui les rend reconnaissans et fidèles.

Le chat a un défaut bien difficile à corriger, et que le temps seul, plutôt que les leçons, finit par lui faire perdre. Il tient beaucoup plus à la maison dans laquelle il a été élevé qu'aux personnes qui l'ont nourri, et lorsqu'on le transporte dans un autre lieu, il revient toutes les nuits dans la maison paternelle, quoiqu'il soit bien persuadé de n'y trouver que des étrangers. Bien plus, si on le traite bien, si on lui donne à manger, il reste avec les nouveaux occupans, et oublie complètement ses maîtres, auxquels naguères il prodiguait tant de caresses et témoignait tant d'attachement.

Cette absence du sentiment de la reconnaissance, dans le chat domestique, est un vice de son origine sauvage. Le chat sauvage adopte un coin de roche, et il ne se déplace jamais, après qu'il en a chassé les environs il va plus loin chercher des proies; mais il revient toujours se reposer et dormir à son domicile. Le chat sauvage et le chat domestique ont encore une autre raison qui les oblige à rester dans l'endroit où ils ont été élevés ou qu'ils se sont choisi, c'est la connaissance qu'ils ont acquise, par l'habitude, de tous les sites et de toutes les positions qui les environnent, connaissance qui leur facilite les moyens de surprendre leur proie et de pourvoir facilement à leur existence. Toutefois on voit que cet attachement pour le pays natal, auquel on a donné le titre d'amour de la patrie, est motivé sur un besoin naturel, et qu'il est fondé dans le chat domestique comme dans le chat sauvage, car, excepté les chats que nous élevons pour agrément ou comme objet de luxe, toute cette espèce est obligée, par la nature de sa condition sociale, d'aller à la chasse des souris et de tous les animaux domestiques rongeurs qui nous sont nuisibles.

Les chats domestiques apprennent de bonne heure toutes les localités qu'ils habitent. Ils savent par où viennent les souris et les rats; ils connaissent les endroits pour aller se coucher et dormir, et quand ils sont ainsi orientés, il leur est difficile de se décider à un changement de domicile. On voit des chats qui reviennent de deux et trois lieues dans la maison qu'on leur a fait quitter, et, chose inconcevable dans des animaux qui ont si peu d'instinct, un mois ou deux en prison après leur délogement, ils trouvent encore leur ancien asile.

Le matou de madame de P. a une conduite assez plaisante, cette dame, qui raffolle de son chat, en changeant d'habitation, a amené cet animal avec elle, le chat est revenu dans son ancien asyle; on lui a rendu le service de le lui rapporter trois ou quatre fois ; mais le chat ne cessant de revenir, on n'a plus pris garde à lui; or, comme personne ne lui donnait à manger, il s'est avisé d'aller chez sa maîtresse pour manger, et de revenir à la maison paternelle pour se reposer et dormir, de sorte que, depuis plusieurs jours, il fait ce commerce, et on ne sait pas quand il le finira. Dans tous les cas, lorsqu'on oblige un chat

de quitter son domicile habituel, il faut le ren-
fermer quelque temps, et le forcer de parcourir
les divers appartemens que l'on occupe, il finit par
s'orienter et par se faire des habitudes casanières
dans sa nouvelle habitation, et il perd insensiblement le souvenir de son ancienne demeure; il n'y
a que ce moyen et le temps qui puisse corriger
ce défaut.

Pour rendre le chat mâle plus sédentaire plus
souple et plus familier, et pour lui conserver
toute la beauté de sa race, on le châtre. La
castration se fait au printemps et en automne, et
deux ou trois mois après le sevrage. Il ne faut pas
oublier que plus un chat est jeune lorsqu'il subit
cette opération, et plus il reste petit. Ainsi il est
important de ne le châtrer que lorsque ses forces
sont un peu développées.

Les châtreurs, espèce d'hommes qui courent
les campagnes pour faire cette opération à plusieurs
autres animaux domestiques, ont soin de choisir
un beau temps pour opérer, et, un jour avant,
ils soumettent l'animal à un régime sévère, et
quelquefois à une entière diète. Dans un chat
adulte l'opération est plus dangereuse, et il faut
beaucoup plus de ménagemens. Les grands maîtres
châtreurs, lorsqu'ils ont à opérer sur des individus
forts et vigoureux, ne font point difficulté de leur
faire une petite saignée a la jugulaire, et comme
cet animal n'est pas facile à traiter, et qu'il

répond à la lancette par des coups de griffes, ou par des coups de dents, on le tient par les pattes, et on lui met un museau de corde : c'est une espèce d'anneau qui embrasse toute la circonférence de la gueule du chat.

Dès que la castration est finie, il faut faire coucher le malade, lui donner peu à peu une nourriture légère ; des bouillons, un peu de lait doivent lui suffire pour les premiers jours. Le chat mâle qui a passé par les épreuves de la castration s'appelle matou.

Quelque bien élevé que soit un chat, quelque amadoué qu'il soit par sa maîtresse, il a des réminiscences de caractère qui le rappellent à ses vices de nature. L'odeur de la viande le fait quitter les riches et somptueux appartemens de sa maîtresse pour aller fureter dans la cuisine ou dans l'office, et faire sa cour à la cuisinière ou au maître d'hôtel, souvent même, malgré la complaisance de l'un et de l'autre, il leur fait quelque tour de son métier, et profite du moment où ils tournent la tête pour leur enlever quelque petit pied, ou quelque morceau friand, que l'on réservait pour la patronne. Un moment après on s'aperçoit du vol, et sans avoir vu le chat fuir, ni sans l'avoir surpris en en flagrant délit, on ne manque pas de dire : c'est le chat. On le cherche pour le battre, pour le frapper, on perd un temps considérable à le poursuivre, on néglige son dîner, le poulet se brûle, la sauce tourne, le dîner est mauvais ; et c'est la faute du chat, dit-on de tous côtés. Pas du tout, je répondrais, le chat a oublié sa leçon, mais le cuisinier a aussi oublié la sienne, un chat dans une cuisine est, pour un cuisinier, un animal d'autant plus à craindre qu'il cherche à le tromper et le trahir tout en le caressant. Ainsi, dès qu'il le voit il doit le chasser, ou s'attendre à être volé.

Quant au chat, Madame, quelque coupable qu'il vous paraisse, il doit être pardonné. L'éducation ne peut jamais éteindre entièrement les inclinations de la nature. Quel est l'être, dans le monde social, qui n'ait pas à se reprocher de s'être laissé entraîner par les illusions de ses sens ? Quel est celui qui n'écoute pas avec satisfaction la voix de la nature, lors même que la loi du devoir lui ordonne de la faire taire. Chassez les chats de vos cuisines, mais ne leur faites pas un crime d'y aller, et ne les prenez pas pour mal élevés parce qu'ils commettront un petit larcin.

Ce que je ne pardonne pas à un chat, c'est de courir après un fat parfumé, ou une femme qui a la malheureuse habitude de se couvrir d'essences. Il se montre par là tout opposé au goût de la plupart des hommes. En effet, Madame, nous n'aimons pas, et je vous parle ici pour le général, d'approcher des dames qui se couvrent de parfums. Cette espèce de toilette n'a rien d'agréable pour nous, et rien de favorable pour elle. Car nous jugeons ordinairement que rien ne ressemble moins au lys et à la rose que les personnes qui se parent de leurs couleurs et qui s'impreignent de leur arome. Il paraît que les chats ne jugent pas comme nous, car, aussitôt qu'ils sentent des odeurs sur une personne, ils sautent sur elle, la flattent, la caressent, et pétrissent ses vêtemens pour lui marquer leur joie.

Du temps des incroyables, on rapporte qu'un de ces originaux, qui ne s'occupait qu'à inventer des originalités pour les mettre en pratique, ayant conçu le dessein de se faire suivre de son chat, s'était parfumé la tête et les habits, et avait garni ses poches de valériane et de la plante que nous appelons cataire ; il était parvenu ainsi à se faire suivre par son chat, et même par d'autres qui, attirés par l'animal parfumé, descendaient du grenier ou de la chambre de leur maîtresse pour le flairer. Il avait fixé ainsi l'attention de beaucoup de personnes, mais comme les curieux le regardaient de loin et que tous se bouchaient le nez en passant près de lui, il jugea que le badinage n'était pas agréable à tout le monde, et il cessa de promener son chat.

J'ai cherché à corriger les chats que j'ai eu, de leur goût pour les odeurs, et jamais je n'y ai pu réussir. Cependant, en mettant un peu de racine de valériane sur une table ou sur une cheminée, défendant à l'animal que l'on élève d'y approcher, il finit par la regarder avec indifférence, mais, les premiers jours, il la flaire avec délectation, il la frotte avec ses deux joues et s'abat autour d'elle. Quand même vous lui défendez sévèrement, il saisit le moment où on ne fait pas attention à lui pour s'en approcher de nouveau et satisfaire son odorat.

Enfin, quand le chat domestique, destiné à servir d'amusement aux enfans et aux dames, a reçu dans sa jeunesse de solides leçons d'obéissance et d'honnêteté, il est gentil, prévenant et jamais importun, ses manières sont douces et polies, ses prévenances ont quelque chose de délicat et de raffiné. Lorsqu'un chat éduqué saute sur vous, il semble qu'il connaît tous vos désirs et qu'il lit dans votre pensée ; il se prête, avec une singulière complaisance, à vos amusemens et à vos caprices, et il vous inspire, par sa docilit et sa souplesse, un véritable attachement. Alors il ne se sert de ses malicieux avantages que pour vous faire rire ou pour vous distraire : il feint de vous mordre en vous serrant de sa gueule, il feint de vous égratigner en vous lançant des coups de pattes innocens ; il n'employe sa ruse que pour se défendre des tours que vous voulez lui jouer, et ne dissimule que pour vous surprendre par quelque espiéglerie agréable.

Plus l'éducation du chat domestique est parfaite, plus on a eu le soin de le rendre solitaire, sobre et discret, et moins est grande la peine que vous avez à prendre pour l'accoutumer à vous suivre dans une autre habitation.

Toutefois on n'élève pas toujours les chats pour servir d'amusement. Le but principal de leur éducation est de les rendre propres à prendre des souris, et c'est pour cela que la plupart des personnes les élèvent; il serait curieux de savoir si les hommes qui s'occupèrent de cette partie de la civilisation animale, eurent en vue ou l'agrément ou l'utilité; il est toujours certain que les Egyptiens ne les élevèrent pas pour leur faire gagner leur vie, puisqu'ils les regardaient comme des dieux. Cependant, s'il faut s'en tenir à l'histoire traditionnelle des chats, on doit croire qu'ils n'ont jamais été considérés, chez nos bons ayeux, que par la faculté qu'ils ont de prendre les souris, nous voyons même dans les annales de nos fabulistes, que cette faculté était considérée comme leur seul mérite, et qu'elle développe en eux la ruse et la malice dont les a doué la nature.

Il n'est pas moins vrai, qu'excepté dans le grand monde et dans la haute bourgeoisie, la race miaulique est destinée à passer sa vie à faire la guerre aux rats et aux souris, et que lorsqu'elle ne remplit pas ses fonctions comme il faut, dans les maisons où on l'élève, elle n'est pas bien regardée;

je dis plus, on l'accable de mauvais traitemens, on la rebute, on l'abandonne, et souvent on lui fait perdre les bonnes dispositions qu'elle avait. Lorsqu'on veut un bon chat pour prendre les souris, il ne faut pas l'aller chercher dans les trois belles espèces de chats domestiques, quoiqu'elles ne soient pas indifférentes au plaisir de la chasse, et que même l'une d'elle, appelée chat chartreux, soit bonne à cet usage, ce ne sont pas les meilleurs; les métis ou les chats communs, sont ceux qui valent le mieux, et parmi eux je choisirai de préférence le chat gris, qui a les plantes des pieds et les lèvres noires; celui-là, comme on l'a vu, est plus sauvage et plus farouche qu'aucun autre, mais il est plus carnassier et plus chasseur, il préfère un rat ou un morceau de viande crue à toutes les friandises qui font les délices des angoras; c'est ce qui leur fait dédaigner souvent la pâtée domestique, et leur fait préférer aller chercher leur vie dans les caves, dans les greniers ou dans les champs. Après eux il faut mettre au premier rang les métis chartreux, qui se distinguent par un pélage marqué des couleurs d'un bleu d'ardoise et de blanc ; les taches blanches et bleues sont inégalement disposées dans ces animaux, ce qui rend leur pélage varié. Cette race de chat a le poil moins fin que le chartreux, mais il devient aussi gros, il doit être préféré pour la ville, il est plus doux, plus tranquille , plus solitaire , et c'est un enragé chasseur, il court après tout ce qui a la vie et le mouvement ; une mouche , un morceau de papier , un rien qui remue , le fait mettre à l'affut ; mais cette race est très-susceptible , la moindre brusquerie , le moindre mauvais traitement le fait fuir , et pour peu qu'on l'effraye , il ne revient plus , c'est aussi cette race qui est la plus attachée à la maison qui l'a vu naître.

Pour c onserver les métis chartreux , il faut les bien soigner , et ne point les battre.

Après cette espèce de chat , on doit distinguer les chats noirs, les chats blancs et noirs , les chats noirs , blancs et jaunes. Tout chat marqué de trois couleurs , et qui est de petite taille, est bon pour les souris; les gros chats, de quelle race qu'ils puissent être, ne sont pas si bons chasseurs que ceux qui sont petits , ils sont aussi plus sujets aux maladies et aux affections nerveuses.

Le chat , soit mâle ou femelle , qui, à l'époque de leur chaleur ne peut se satisfaire , éprouve un mal - aise continuel et qui souvent dégénère en maladie , dont il meurt.

Pour élever un chat pour l'usage domestique , il faut, dès le sevrage , le soumettre à une seule et unique nourriture, et à des repas réguliers , et lui laisser le loisir de courir dans les appartemens , dans les jardins , dans les cours et dans les greniers ; il ne faut point le caresser ,

ni le manier afin de lui laisser ce degré de sauvagerie nécessaire pour courir après les animaux
incommodes ; un chat domestique, de quelque
bonne espèce qu'il soit, trop amadoué et trop bien
nourri, se dégoûte bientôt de la chasse, et trouvant
son nécessaire lorsqu'il le veut, il ne s'occupe d'autre
chose que de dormir ; on doit donc se garder de
lui donner trop à manger, il vaut beaucoup mieux,
dans ce cas, qu'il souffre un peu de la faim, ce
qui n'est pas un grand mal, attendu que lorsque
la privation est trop forte, il trouve toujours le
moyen de vous le faire savoir. On ne doit pas
châtrer un chat domestique destiné à la chasse
des souris, par la raison qu'il perd, par cette opération, le désir de courir et de chasser, et que,
pareil aux eunuques de l'orient, il devient lâche,
paresseux et efféminé. Il faut s'attendre qu'un chat
destiné à l'usage domestique, sera plus fripon et
plus voleur que ceux que l'on élève pour l'agrément, mais il ne faut pas leur faire un crime de
leurs larcins ; c'est à vous à vous tenir sur vos
gardes ; beaucoup de personnes pensent bien faire
en fustigeant leurs chats à la suite des vols qu'ils
leur ont faits, c'est cependant la plus mauvaise
méthode qu'ils puissent employer ; le chat ne se
corrige pas de son vice, et il déserte de la maison ; le principal moyen, et que j'ai déjà fait
connaître, c'est de lui laisser devant les yeux
quelque chose dont il est très-friand, et de le

surprendre au moment qu'il va faire le coup ; si vous faites quelques signes de mécontentement il vous comprendra facilement, et il deviendra moins voleur, dans la seule intention de vous plaire, car il ne perd pas le souvenir que c'est vous qui le nourrissez ; mais n'est-il pas plus naturel, au lieu d'employer la ruse et la correction sur des chats destinés en partie à vivre de bonne fortune, de ne rien leur mettre sous le nez qui puisse provoquer leur tentation, faut-il tant en vouloir à cet animal de ce qu'il prend ce qu'il trouve, et son vol qui dans ce cas devient un besoin, porte-t-il le caractère du crime de vol domestique; le chat fait ce que nous faisions avant eux, lorsque notre raison n'était point sortie de sa gangue naturelle, et il fait comme tous les animaux lorsqu'ils ont faim ; pour les rendre responsable de leurs friponneries, il faudrait leur supposer la raison de les concevoir, et je ne crois pas que Descartes, nous ait jamais dit là-dessus quelque chose qui puisse nous assurer que les chats sont arrivés à ce point d'intelligence.

Cependant c'est pour ces petits défauts de ruse et de dissimulation, que la nature leur a prêté pour leur faciliter l'aisance de la vie, qu'on crie après eux ; défauts que, sans distinction et sans même excepter la race raisonnable, tous les animaux possèdent avec plus ou moins de développement.

Les chats domestiques sont susceptibles de recevoir une certaine dose d'instruction, dont ils profitent dans le cours de leur vie, le plus qui leur est possible ; mais exiger de ces animaux qu'ils fassent abnégation de tous leurs penchans naturels, lorsque l'homme viole à tout moment les lois sociales, pour satisfaire les siens, ce serait une injustice qui n'aurait point d'exemple. Pourquoi donc les chats sont-ils haïs, détestés de la plupart des personnes, pourquoi les chasse-t-on à coups de pieds, à coups de bâtons, et qu'on crie au chat, au chat, comme on crie au voleur, au voleur ; c'est parce qu'ils ne sont pas si raisonnables que nous, ou plutôt qui le sont plus ; car la plupart des chats meurent de faim et de mauvais traitement, après nous avoir bien servi, et ce n'est pas un petit service que rend cet animal lorsqu'il va à la chasse des souris.

A Paris et dans toutes les grandes villes, cette race d'animaux rongeurs se multiplie dans les maisons avec une incroyable rapidité, et bientôt ils ont fait un dégât épouvantable ; la présence d'un chat, dans une maison, les fait fuir, et lorsqu'il en a attrapé quelques-uns, les autres se gardent bien de se montrer. C'est bien mieux, un chat qui ne les chasse pas suffit pour les éloigner.

Et dans les campagnes, dans les fermes, de quelle utilité ne sont-ils pas, ces animaux? A l'époque des fourrages, à celle du blé, les mulots, les souris, les taupes pullulent de toute part; un bon chat vous en éclaircit bientôt le nombre et vous débarrasse souvent de ce qui vous coûterait bien de la peine et du temps à détruire. Pour se faire une idée du nombre considérable de souris et de rats qui habitent les fermes, il faudrait être présent lorsqu'on vide un magasin de vieux fourrage, ou qu'on dégarnit un gerbier, on les voit par centaines fuir de toute part et chercher un abri contre les chats et les chiens qui les poursuivent.

Je trouve que l'utilité des chats n'est pas encore bien appréciée dans les villes et dans les campagnes; ce peu de soin que l'on en prend, la brutalité avec laquelle on les traite, en est une preuve. Si on se conduisait avec ces animaux avec un peu plus de modération, il seraient plus souples, plus obéissans et moins voleurs, et on en tirerait un meilleur parti; la plupart de ces animaux meurent de faim, ou, par le peu de soin qu'on y porte, leurs maladies, leur peu de venue, leur peu d'embonpoint tiennent souvent au mauvais traitement qu'ils éprouvent. Certainement, je ne désire pas que des animaux que nous n'élevons que pour nous être utile et pour chasser des ennemis importuns, soient élevés comme on les élève en Chine, ou dans nos couvens; ni qu'ils soient respectés comme chez les anciens Egyptiens ; mais puisque leur utilité est connue, puisqu'ils sont bons à quelque chose dans l'état domestique, ayons pour eux les mêmes égards que nous avons pour d'autres animaux dont l'éducation n'est pas si généralement nécessaire.

Je ne sais pas, Madame, si cette lettre ne vous paraîtra pas un peu longue, si les raisons que j'y développe vous paraîtront justes, si enfin j'aurai rempli vos vues sur ce qui concerne l'éducation des chats, je puis vous assurer que j'ai fait mon possible pour que mes instructions puissent vous être agréables et utiles, que je vous dirai aussi que les naturalistes et les philosophes, qui ont traité de l'éducation des animaux domestiques, ne se sont guère occupés de celle des chats ; que les matériaux manquent sur ce sujet intéressant, et qu'il faut attendre du temps et de la disposition de quelques cuisiniers, un bon traité d'éducation pour ces animaux.

On fait courir le bruit qu'un certain Mart., cuisinier-chef d'une hôtellerie de chats, de l'Asie mineure, a réuni un grand nombre de matériaux sur les différentes races miauliques, et qu'il peut, dans sa retraite, les mettre en ordre pour en gratifier le public. Je désire que ce soit de notre vivant qu'une pareille production paraisse, peut-être y trouverons-nous des moyens

pour empêcher les chats d'être gourmands et
voleurs, ce qui les réconcilieraient avec tout le
monde.

Je suis, Madame, votre obéissant, etc.

CHAPITRE II.

Des Maladies des Chats.

Quoique les chats soient d'une grande utilité dans une maison pour détruire la vermine, ils jouissent d'une très-petite considération auprès de l'homme, et comme animaux domestiques, ce sont ceux qui occupent le dernier rang.

C'est une raison sans doute pour motiver le silence que les médecins de tous les siècles et de tous les pays ont gardé sur leurs infirmités et leurs maladies.

Une autre raison encore, c'est que ces animaux ne sont guères maniables, et qu'il n'est pas possible de les soumettre à un traitement régulier ; de plus, les progrès de leurs maladies sont ordinairement rapides, et la mort en est presque toujours le résultat.

Quoiqu'il en soit, de l'aveu de tous les médecins, les maladies de ces animaux sont peu connues, et ceux qui en ont traité le plus au long n'ont osé ni présumer leur siége, ni leur donner une dénomination. Ces maladies, dit-on, sont ou inflammatoires ou nerveuses ; il y en a de cutanées, le virus psorique et dartreux attaque parfois les chats. Quelques maladies de ces animaux sont contagieuses, et presque toutes sont épidémiques pour l'espèce, à moins qu'elles ne soient accidentelles, ou occasionnées par une cause locale. Par exemple, j'ai observé sur plusieurs jeunes chattes, que si on leur laisse passer l'époque de leur chaleur sans les faire communiquer avec le mâle, elles tombent dans un état d'abattement et de langueur qui souvent provoque ce qu'on appelle la maladie.

A la suite de la dentition, les chats sont malades, ils tombent dans le dégoût, et souvent ils crèvent.

Les accidens, tels que les fractures, la perte de leurs yeux, le dépouillement de leur peau, sont difficiles à guérir, et ne sont point épidémiques. Mais toutes leurs maladies internes et quelques-unes de leurs maladies cutanées se communiquent. Ces dernières sont très-rares et très-peu nombreuses.

La plupart des auteurs modernes parlent d'une maladie cutanée qui, en 1673, fit périr presque tous les chats de la Westphalie, et qui paraît particulière à l'espèce de maladies de nos chats domestiques.

Voici comme en parle Hurtrel d'Arboval, auquel nous devons la plus grande partie de cet article pour ce qui a rapport aux maladies des chats.

« L'une des plus dangereuses est une gale dartreuse qui se manifeste d'abord autour des oreilles par quelques pustules dont l'invasion s'étend sur le nez et ensuite embrasse la tête, dans quatre ou cinq jours le mal gagne les pattes, si on ne s'oppose à temps à ses progrès. Cette maladie est si intense que l'animal ne cesse de se gratter. » D'après le même auteur, les phénomènes qui se présentent sont : l'assoupissement du malade, sa tête et surtout ses oreilles sont recouvertes d'une éruption croûteuse, les yeux se couvrent d'une espèce de taie, et tombent en suppuration. La contagion ne paraît pas douteuse.

Aussitôt que l'on découvre les premières pustules, il est bon de détacher les croûtes, et pour assouplir la peau qui est épaisse, on lotionne pendant quatre à cinq jours les endroits affectés, avec une décoction de mauve et de guimauve ou de graine de lin, à laquelle on fait succéder des lavages et des frictions légères avec des feuilles de tabac bouillies avec de la lessive, ou une dissolution de deutoxide de potassium (potasse). On expose l'animal au soleil lorsqu'il est dans sa plus grande force, et on lui fait, quelques instans après, une friction avec une composition anti-psorique. On a cru que l'huile de baleine était de quelque utilité. Rigot a fait connaitre la recette que voici : huile de lin, deux onces ; faites - y fondre un sixième d'onguent citrin ; le tout bien mêlé, on en étend une couche suffisante sur les parties affectées, et il est fort rare, suivant Rigot, qu'une seconde application soit nécessaire, surtout si on n'a pas négligé de donner à l'animal des infusions de sureau, de fumeterre et du lait. On tient qu'il faut purger en définitive l'animal avec quelques grains de jalap, délayés dans un peu d'eau miellée, ou dans laquelle on a fait fondre un peu de manne.

En rapportant le long traitement de M. d'Arboval, sur la gale dartreuse des chats, nous avons eu l'intention de donner un bon mode de la traiter, mais nous n'avons pas eu l'idée qu'il serait jamais suivi soit à la ville, soit à la campagne.

Nos médecins de chiens et de chats, qui le deviennent aussi des animaux domestiques les plus précieux, sans être vétérinaires ni médecins, vont plus vite en besogne, et savent plus vite aussi expédier ou guérir l'animal.

Croyez-vous qu'ils s'amusent à opérer lentement et graduellement, comme la nature de la maladie et sa marche périodique l'exigent, pas du tout.

D'abord ils font vomir le chat avec de la staphisaigre, avec du tabac ou de l'euphorbe ; ils le trempent dans une décoction de pieds de

griffon ou de tabac; ils réitèrent les bains ru-
béfians deux fois par jour, et si le malade
n'est pas crevé dans cinq jours, ce qui est rare,
de rigueur il est sauvé, attendu que la crise de
la maladie est passée, et que la nature a résisté
tout à la fois, et aux efforts du mal, et à ceux
bien plus cruels encore de l'impéritie.

J'ai vu deux ou trois chats qui étaient atteints
de cette gale dartreuse, et je me suis amusé d'en
traiter un selon mon idée, voici comment j'ai
opéré : j'ai fait vomir le malade avec un grain
d'émétique étendu dans un peu de lait, je l'ai
fait lotionné les premiers jours de l'éruption avec
une décoction émoliente, faite avec les feuilles
de bouillon blanc et de mauve, et je l'ai fric-
tionné ensuite deux fois par jour avec une pom-
made faite avec deux onces de graisse de porc,
un scrupule de précipité rouge, et un demi-gros
de poudre de ciguë; j'ai guéri le malade, mais
je ne donne pas le remède comme infaillible; en
fait de maladie, je suis un peu pyrrhonien. Du
reste, pour ce qui est des maladies cutanées, ou
plutôt de la gale et des dartres des chats, si je
me permettais de donner un avis, voici comme
je voudrais qu'on les traitât; lorsque la maladie
est déclarée, que l'erruption est bien développée,
je tiendrais l'animal dans un endroit chaud, je
lui ferais avaler, d'heure en heure, quelques cuil-
lerées à bouche d'une boisson sudorifique et légè-

rement laxative, et je le frictionnerais avec une lotion faite ainsi composée, nitrate d'argent fondu, quatre gros, eau commune, une livre.

J'ai employé ce remède sur les chiens et sur des bêtes à laine, et il m'a très-bien réussi, mais dans la campagne, les procédés et les recettes pour guérir les animaux sont aussi communs que les charlatans, dont on trouve partout les traces dans les villages. Chaque berger est médecin des bêtes, aux environs de Paris, et il a presque voix prépondérante sur le conseil du fermier, lorsque celui-ci a quelque malade dans ses écuries, de sorte que les avis du vétérinaire ne prévalent pas toujours, et les bergers, qui sont au moins trois ou quatre dans chaque village, ont leurs recettes et leurs secrets particuliers qui, d'après eux, sont infaillibles. Il y a quelques années qu'un de ces docteurs avait ordonné vingt-quatre grains de lathiris ou catapuce, pour purger un homme de soixante ans, il soutenait que le remède lui ferait rendre toute la matière : on voit qu'il ne se trompait pas, et que, comme l'oracle de Lybie, il savait employer la métaphore. Cependant il ne faut pas oublier que c'est des maladies des chats que nous avons à parler ; les maladies internes des chats ont toutes un caractère inflammatoire ou nerveux. M. Hurtrel d'Arboval rappelle, dans son dictionnaire de médecine vétérinaire, une maladie épidémique qui, en 1779, fit périr une partie des chats de la France, de l'Allemagne, de l'Italie et du Danemarck. J'ai vu la description de cette maladie dans plusieurs auteurs : voici comme M. d'Arboval la décrit : elle est, dit-il, d'une nature catarrhale, c'est une angine, un corysa, de même que la maladie dite des chiens; ses principaux phénomènes sont l'abattement, le dégoût, le vomissement de matières ayant l'apparence de glaires, les convulsions et les prostrations, l'animal éternue ou s'ébroue sans cesse, tousse, n'avale qu'avec difficulté, a la tête pesante, devient lourd, paresseux, frilleux; sa tête se tuméfie; un mucus séro-sanguinolent coule du nez et des yeux, l'animal devient laid, dégoutant, puant et périt en quelques jours, souvent dans quelques coins retiré de la maison où, sur la fin, il s'est réfugié; cette maladie, dont je n'ai jamais vu d'exemple, est généralement mortelle, et les remèdes que l'on pourrait employer, ne produisent qu'un effet stérile par rapport à la rapidité du mal; je serais de l'avis de plusieurs vétérinaires qui conseillent d'assommer les chats qui en sont atteints, et de les enterrer de suite à quelques pieds sous terre. Nous sommes encore obligés de rapporter la description de la maladie, dite des chats, qui, d'après M. d'Arboval, n'est pas sans analogie avec le typhus contagieux des bêtes à cornes. Elle est extraite de son dictionnaire et appartient au docteur Guersent. Quelque temps avant l'invasion de la fièvre , les chats qui sont atteints de cette maladie , fuient l'approche de tout le monde , même de leur maître , et se traînent avec lenteur , ils se cachent dans les endroits les plus obscurs , et ne boivent ni ne mangent , ils sont inquiets , faibles , tristes et poltrons : leurs griffes ne sont plus rétractiles , il sont insensibles à l'odeur de la valériane et des plantes labiées les plus aromatiques ; il est très-difficile de tirer des étincelles électriques par le frottement de leur peau ; ils ont alors perdu toute leur contractilité et leur agilité connue. Dans la première période , la queue est tombante , la tête penchée , le cou allongé, les oreilles flasques et froides , les membres sont roidis, l'animal éprouve des baillemens réitérés, quelquefois des nausées et même des vomissemens ; il y a de la somnolence et même de la stupeur, la tête et les extrémités sont agitées de tremblemens , la voix est altérée, le pouls est petit et fréquent ; la chaleur de la peau très-sèche, la constipation opiniâtre ; dans la seconde période l'animal est insensible à la voix de son maître , l'œil est petit, larmoyant, la pupille ordinairement rétrécie, quelquefois cependant dilatée ; la langue sèche et recouverte d'un enduit jaunâtre , un mucus écumeux verdâtre sort de la bouche, et quelquefois même on remarque un écoulement analogue par le nez ; il survient souvent la diarrhée, la respiration est courte et gênée , l'animal tousse ;

pendant la troisième période, l'agitation et les convulsions se mêlent aux symptômes précédens, le ventre se météorise, le corps prend une teinte jaunâtre, et le malade meurt dans un état de prostration au milieu des convulsions, du quatrième au cinquième jour; les altérations qu'on observe sur le cadavre, ajoute le médecin, prouvent qu'il a existé dans cette maladie une affection générale de presque toutes les membranes muqueuses. Les narines, la bouche, l'œsophage, la trachée-artère, les bronches, et surtout les intestins sont ordinairement en partie remplis d'un mucus séreux, blanchâtre, jaunâtre ou sanguinolent, étendu à la surface de la membrane interne qui tapisse tous les organes.

Cette maladie, dont les symptômes sont si effrayans et la marche si rapide, est presque toujours mortelle; on conseille encore d'assommer les chats qui en sont atteints, pour deux raisons, l'une pour les empêcher de souffrir, l'autre pour éviter la contagion. Cependant, comme l'observe l'auteur, il faut avoir quelques égards pour des bêtes qui nous sont utiles, et quelque difficile que soit leur traitement, il me paraît raisonnable de l'entreprendre, d'autant plus que plus d'un malade peut en revenir; on recommande, pour la guérison de cette espèce de peste, les vomitifs, les tisanes amères, les sels mercuriels, la thériaque, le muriate d'ammoniaque. Le grand nombre de recettes qui fourmillent par toutes les campagnes pour les maladies des chiens et des chats, maladies qui sont à peu près analogues, doit faire naître des soupçons sur leur efficacité, il faut donc s'en tenir à ceux qui, plus habiles que nous dans l'art de traiter les animaux, ont encore l'expérience pour eux ; ainsi, M. d'Arboval veut que l'on émétise l'animal malade, que l'on y fasse une petite saignée et que l'on y applique en boissons les amers. Traités de cette manière et à temps opportun, la plupart des chats affectés peuvent en revenir, il faut aussi dans certains cas qu'on administre le sirop de nerprun. Tous ces modes de traitement, je le répète, sont excellens, mais ne seront guère suivis par les habitans des campagnes, qui n'aiment pas mieux les grands embarras que les grosses dépenses ; un traitement plus simplifié, par cela seul qu'il serait plus commode, serait mieux suivi. On nous répondra à cela, que l'on ne fait pas de la thérapeutique comme on fait de la géométrie, qu'il faut aller selon la marche et la nature de la maladie, c'est encore une raison pour me faire croire que presque tous les chats atteints de la maladie crèveront dans les campagnes, parce que je suis persuadé que l'on n'y est pas attaché au point de les soumettre à un traitement régulier ; il faut donc se borner à donner un traitement court et salutaire à ceux qui veulent traiter leurs chats. Au premier symptôme de la maladie on administre à l'animal, dans un léger véhicule, une once de sirop de nerprun, le lendemain on l'émétise avec un grain de tartre émétique, et on lui donne continuellement, dans le cours de sa maladie, des boissons amères faites avec une pincée de petite centaurée ou du petit chêne, et si l'on veut on peut ajouter dans la décoction un scrupule ou vingt-quatre grains de gentiane en poudre.

Les chats sont aussi sujets à la rage ; heureusement cette maladie les attaque rarement, car ils sont susceptibles dans cet état de faire beaucoup de mal ; ils ont l'habitude de se cacher, et de ne sortir que dans leurs accès de rage pour mordre et manger tout ce qu'ils rencontrent. Il y a quelques années que le chat d'un célèbre professeur de médecine de Montpellier, devint hydrophobe, et mordit son maître à la jambe à deux ou trois endroits, au moment même où il lui donnait à manger, l'habile docteur cru n'avoir rien de mieux à faire que de brûler les plaies avec un fer rouge, c'est ce qu'il fit sur-le-champ. Cette douloureuse opération le fit tomber grièvement malade et il garda le lit plusieurs semaines.

Le meilleur traitement contre la rage des chats et des chiens, c'est celui de cautériser la tête et d'administrer intérieurement les alcalis, soit liquides, soit solides. Lorsque cette maladie est prise à temps, je veux dire avant le développement du premier accès , elle guérit presque toujours, mais lorsque l'animal a déjà ressenti des atteintes de rage , il n'y a plus moyen de le traiter , attendu que l'entreprise devient trop dangereuse; dans ce cas, il vaut mieux l'assommer que de s'exposer à être mordu.

Dans une partie du Bas-Languedoc et dans les Cévennes, où la rage parmi les animaux domestiques est fort commune, on trouve des femmes et des hommes qui se mêlent de traiter les personnes mordues par des animaux enragés ; leur mode de traitement est d'autant plus étonnant , qu'il est tout à la fois simple et infaillible ; aussi dans ces pays on n'entend jamais dire qu'un individu est mort de la rage, quoiqu'il ne se passe pas une année sans qu'il y ait des chats , des chiens et des loups enragés , et qui font beaucoup de ravages ; tout le traitement consiste à prendre le matin, à jeun et sans aucune préparation préalable , une omelette composée de trois œufs et d'une certaine dose d'os de sèches réduits en poudre ; ce remède dégoûtant se prend pendant trois jours de suite ; nous devons dire que toutes les personnes qui traitent de la rage répondent du malade, et restent auprès de lui jusqu'à l'époque où cette maladie est susceptible de se développer ; cette manière de traiter cette épouvantable maladie paraîtra à plusieurs docteurs graves , une absurdité digne de figurer parmi les recettes des

bonnes femmes. Cependant nous pouvons certifier qu'une sœur hospitalière a guéri ainsi plus de
trois mille individus, et que depuis plus de trente
ans qu'elle s'occupe à traiter les personnes mordues par des animaux enragés, elle n'en a jamais
vu mourir.

Tels sont du reste tous les documens que nous
avons pû nous procurer sur la maladie des chats,
il faut espérer que dans le siècle de lumière où
l'on s'occupe d'une manière spéciale de sciences
médicales, les ressources de l'art de guérir des
animaux si intéressans, seront augmentées, et
que nous ne serons pas obligés à les assommer
pour les guérir.

FIN.

www.ingramcontent.com/pod-product-compliance
Lightning Source LLC
LaVergne TN
LVHW021451170726
843501LV00005B/1605